如何
跳出幸福陷阱

[美] 索尼娅·柳博米尔斯基（Sonja Lyubomirsky）/ 著

杨清波 柳絮 / 译

中信出版集团 | 北京

图书在版编目（CIP）数据

如何跳出幸福陷阱 /（美）索尼娅·柳博米尔斯基著；
杨清波，柳絮译 .-- 北京：中信出版社，2022.9
书名原文：The Myths of Happiness
ISBN 978-7-5217-4355-5

Ⅰ.①如… Ⅱ.①索…②杨…③柳… Ⅲ.①幸福—
通俗读物 Ⅳ.① B82-49

中国版本图书馆 CIP 数据核字（2022）第 088248 号

THE MYTHS OF HAPPINESS
Copyright © 2014 by Sonja Lyubomirsky.
This edition arranged with InkWell Management, LLC.
through Andrew Nurnberg Associates International Limited
Simplified Chinese translation copyright © 2022 by CITIC Press Corporation
ALL RIGHTS RESERVED
本书仅限中国大陆地区发行销售

如何跳出幸福陷阱
著者：　［美］索尼娅·柳博米尔斯基
译者：　杨清波　柳絮
出版发行：中信出版集团股份有限公司
（北京市朝阳区惠新东街甲 4 号富盛大厦 2 座　邮编　100029）
承印者：　河北京平诚乾印刷有限公司

开本：880mm×1230mm 1/32　　印张：9.75　　字数：220 千字
版次：2022 年 9 月第 1 版　　　　印次：2022 年 9 月第 1 次印刷
京权图字：01-2019-7160　　　　　书号：ISBN 978-7-5217-4355-5
定价：59.00 元

版权所有·侵权必究
如有印刷、装订问题，本公司负责调换。
服务热线：400-600-8099
投稿邮箱：author@citicpub.com

谨以此书献给 **伊莎贝拉**

生活就是如此，不可能事事顺心。

——夏洛蒂·勃朗特

不满足于现在所拥有的一切的人，也不会满足于自己将来想要拥有的一切。

——苏格拉底

机会总是垂青有准备的人。

——路易斯·巴斯德

目 录

序言　幸福的神话 // VII

第一部分　婚恋关系

第一章　如果嫁/娶对了人,我就会幸福
厌倦了婚姻生活,或者对配偶习以为常 // 006
失去激情,或者对与配偶做爱习以为常 // 021
激情能持久吗? // 024
如何培养婚恋关系 // 027
小结 // 034

第二章　如果关系破裂,我就不会幸福
向前和向上:巩固婚恋关系 // 038
改善你的生活:处理婚姻问题 // 046
原谅对方总是有益的吗? // 051
趁早结束 // 055
小结 // 064

第三章　如果有了孩子，我就会幸福

生儿育女非我所愿：孩子是否能让人幸福？ // 067

日常的烦恼比重大的创伤更让人不开心 // 070

通过写作找到平衡和情感意义 // 074

从全局的角度思考问题 // 077

忙里偷闲 // 080

小结 // 082

第四章　如果没有伴侣，我就不会幸福

单身等于悲伤吗？ // 084

成为最好的"单身狗" // 087

改变目标：寻找其他幸福关系 // 090

小结 // 092

第二部分　工作与金钱

第五章　如果能找到合适的工作，我就会幸福

习惯你的工作 // 099

控制自己的欲望 // 104

表现不好可能是生理规律在作怪 // 109

局外人视角：客观展望未来 // 111

只有成功，才能幸福？ // 113

避免与他人进行有害的比较 // 114

对幸福的追求与追求带来的幸福 // 118

小结 // 124

第六章　如果破产，我就不会幸福

金钱能买到幸福吗？给你明确而直接的回答 // 127

如何运用古老的节俭美德让自己知足常乐 // 130

减法生活的好处：安贫乐道 // 138

小结 // 142

第七章　如果有钱，我就会幸福

钱并不如人们吹嘘的那样无所不能 // 146

对金钱的思维定式：财富 = 成功 // 149

消费成本与物质主义 // 150

金钱如何让你快乐 // 152

不要让成功放大你的失败 // 159

小结 // 161

第三部分
回忆过去

第八章　如果生活发生重大变故，我就不会幸福

乐见所想 // 168

马太效应 // 175

应对坏消息的循证策略 // 180

能减轻你负担的知己 // 186

打造遗产、目标和意义 // 187

小结 // 190

第九章　如果无法实现梦想，我就不会幸福

如何变得更练达、成熟和幸福：探索"可能
　　失去的自我" // 192

可以承认遗憾，但不要念念不忘地反刍 // 197

思考生活中的"反事实"现象 // 198

保持人生故事的一致性 // 201

每月冒险一次：防止因不作为而遗憾 // 203
知足常乐，不要被生活中的选择控制 // 207
小结 // 210

第十章　如果生命中最美好的时光已经逝去，我就不会幸福

错误观点：我们可以断定一生中最美好的
　　时光 // 213
幸福的第二次机会：美好回忆 // 215
重温幸福时光，分析不幸福的时刻 // 218
展望未来：为个人重要的人生目标而奋斗 // 220
最美好的时光是人生下半场 // 222
小结 // 225

结语　幸福到底在哪里 // 227
致谢 // 233
注释 // 237

序言　幸福的神话

几乎所有人都赞同我所说的幸福的神话,也就是那些幸福陷阱,认为成年之后取得的某些成就(比如结婚生子、事业有成、堆金叠玉)会让我们永远幸福下去,而成年之后遭遇的某些失败或挫折(比如体弱多病、茕茕孑立、贫困潦倒)则会让我们永远痛苦下去。这种对幸福的片面理解在文化上得到了强化,并将持续下去,尽管大量证据表明我们的幸福并不遵循这种非黑即白的原则。[1]

关于这种幸福的神话,有一种观点认为,"当＿＿＿(填上内容)的时候,我就会幸福"。比如,当升职的时候,当婚礼中说"我愿意"的时候,当有了孩子的时候,当有钱的时候,等等。我认为这些都是虚假的希望,但虚假的希望并不意味着这些梦想的实现不会让我们幸福。相反,几乎可以肯定的是它们会让我们感到幸福。但问题是,即使一开始这些成就能让我们十分满意,结果也不会像我们预想的那样让我们非常快乐(或者持续很长时间)。因此,当实现这些目标并没有让我们像预期的那样快乐时,我们就会觉得自己一定有问题,或者我们是唯一有这种感觉的人。

反之亦然，也是一种同样普遍、同样有害的幸福神话，即认为"当＿＿＿（填上内容）的时候，我就不会幸福"。当遭遇不幸时，我们的反应往往过于激烈，觉得自己再也快乐不起来了，美好生活至此已然画上句号。

人生在世烦恼多，比如，婚恋关系陷入困境，美梦成真却更加空虚，职业发展今不如昔，体检结果呈阳性，诸多遗憾，等等。我希望本书能够清晰地阐明这样一个观点——虽然这些重大挑战看起来会从根本上改变我们的生活，使其变得更好或更糟，但能左右结果的实际上却是我们对这些挑战的反应。事实上，正是我们最初的反应，使这些事情从一开始就变成危机事件，而不是将其视作生活中可预见的寻常插曲。遗憾的是，我们最初的反应迫使我们选择夸张的（并且常常是毁灭性的）反应方式。例如，当意识到工作不再给自己带来满足感时，我们对此的第一反应可能是认为该工作有问题，应当立即开始另觅工作。实际上，能带来更多长期回报的解决方案可能是努力改进，重新考虑当前的工作，重新审视和改变我们现在的想法与感受。

本书涵盖了 10 种不同的成人危机问题，首先探讨了家庭关系问题（婚姻、单身、子女），接下来讨论了金钱与工作问题（职业隐忧、经济上的得失），最后分析了人到中年之后自然要面对的问题（健康问题、衰老问题以及人生缺憾）。大家可以从自己最关心或最感兴趣的危机问题开始。我希望诸位都能认同我在本书所描述的大部分特殊挑战和转变，因为其中一些可能在某种程度上代表了我们的过去、现在和将来。随着年龄的增长，责任越来越多，损失越来越多，生活变得越发复杂、艰难，有时变得越发扑朔迷离。在情况开始变得一发而不可收拾之前，有必要认真仔细地分析一下我们生活中的主要阶段和衡量标准，以及激发我们反应的因素。

危机事件不应让我们感到恐惧或沮丧，相反，它们可以成为我们革新、成长或做出重要改变的机会。其实，我们对待危机事件的态度十分关键。科学研究表明，机会确实青睐有准备的人。我借鉴了几个相关领域的研究成果，其中包括积极心理学、社会心理学、人格心理学和临床心理学，帮助那些面临重大转折的人做出明智的选择。我介绍的知识可以为你提供更广阔的视角，从根本上说，可以俯视你的独特处境，超出你的期望。我无法告诉你应当采取什么应对方式，但可以提供相应方法，这样你就能够自己做出更合理、更明智的决定。我可以帮助你从思想上做好准备，明白幸福的真正所在。

危机时刻——当我们觉得自己的生活即将发生巨变时，当我们意识到或接受一条重要消息时——指的是人生中的关键时刻。这是我们需要铭记的关键时刻，是需要考虑并做出回应的时刻。之所以如此，不仅因为这些时刻"重大"，还因为即使是看似毁灭性的十字路口，也可能成为我们人生发生积极转变的大门。最新研究表明，曾经历某种灾难的人（例如，一些负面事件或改变人生的时刻）最终比那些从未经历苦难的人更幸福（痛苦、创伤、压力或受损也更少一些）。[2] 历经苦难能"让我们坚强起来"，可以更好地准备应对未来大大小小的挑战和创伤。研究人员发现，理解生活中的挑战不仅能够培养整体的适应能力，还有助于我们确定和定位自己的身份，这可以提升对未来的乐观态度，并能够更有效地应对持续不断的压力源。[3] 最后一点，危机时刻所经历的悲伤、担心和愤怒等负面情绪是非常宝贵的——只要这些情绪持续时间不长或者不甚剧烈，因为这些情绪能够提醒我们注意威胁、错误和需要关注的问题。总之，学会超越幸福的神话所带来的期望，在开始的时候可能会让人感到不舒服甚至痛苦，但它却有可能让我们幸福地茁壮成长。

许多重要的转折点可以被视为人生的十字路口，从这里出发，我们可以选择两条或两条以上的道路。我们在这些关键时刻的反应——当时这些时刻看起来仿佛是"绝望时刻"——将在一定程度上决定最终的结果。如果我们弄清楚了幸福的神话是如何驱使我们做出反应的，那我们就更有可能做出明智的反应。事实上，如果不能认清"当（有了伴侣／工作／金钱／孩子）的时候，我就会幸福"这种谬论，那我们可能会做出非常糟糕的决定，比如，辞去完美的工作，结束幸福的婚姻，破坏亲子关系，挥霍钱财，伤害自尊。并且，如果我们坚持认为"当（没有伴侣／没有金钱／不再年轻／一事无成）的时候，我就不会幸福"，那我们可能会无意中一语成谶，这些转折点最终会破坏我们的幸福，摧毁生活中的美好事物。

我们应对危机时刻的方式——无论是在本应昂首挺胸时选择垂头丧气，还是在本应采取行动时选择原地不动——可能会对我们的生活产生连锁反应。在这些时刻，我们选择未来。

从前，一个贫穷的村子里住着一位老农。邻居们认为他很富有，因为他有一匹马，多年来他一直靠着它种地。有一天，他心爱的马跑丢了。听到这个消息，邻居们前来安慰他，同情地说道："真是太不幸了！"农夫回答道："安知非福？"第二天早上，那匹马回来了,并且还带回了 6 匹野马。邻居们纷纷祝贺:"真是太有福了!"老人回答道:"也许吧。"第三天,他的儿子试图骑一下野马,结果摔断了腿。邻居们又来看望农夫,对他的不幸表示同情。农夫说道:"安知非福?"又过了一天,征兵官来到村里征召年轻人入伍,看到农夫的儿子摔断了一条腿,就放过了他。邻居们又来祝贺农夫的好运。农夫回答道:"也许吧。"

威廉·布莱克在《天真的预言》一诗中写道:"快乐和悲伤交织在一起。"这句诗以简洁凝练的语言体现了《塞翁失马》这个故事中的智慧精华,同时也间接回答了这样一个问题:"为什么幸福的神话是错误的?"我们可能认为我们知道某个特定的转折点是该让我们笑还是该让我们哭,但事实上,积极和消极的事件往往交织在一起,因而想要预测最终结果非常困难,因为结果往往出人意料。同样,当回顾过去几年发生在我们身上的最好的事情和最坏的事情时,我们可能会惊讶地发现它们常常是一回事。或许当时我们伤心欲绝,但单身让我们变得更坚强,让我们遇到了更理想的伴侣;或许当时我们遭到解雇,失去了从事多年的工作,但这件事促使我们做出改变,进入更吸引人的领域;或者,也许当时我们在以高价卖掉公司后很兴奋,但现在却认为那是我们一生中所犯的最严重的错误之一。[4] 总而言之,哪些事件改变了生活、以何种方式改变了生活,往往无法立即知晓。有时,不容置疑的好事——中彩票、升职、生孩子——却引发了危机或带来了深深的失望,因为我们对这些事情的反应没有那么开心,违背了我们对幸福的认识。而有时,不幸——失业、梦想破灭或失去人生伴侣——是通往奇迹的大门,这多少是因为我们意识到此类不幸不会永远伤害我们。

在一系列巧妙的实验中，弗吉尼亚大学的蒂姆·威尔逊教授和哈佛大学的丹·吉尔伯特教授以及他们的同事证明，我们的主要错误是高估了某件坏事（比如被诊断感染艾滋病毒或丢掉心仪的工作）让我们陷入绝望的时间和影响强度，高估了某件好事（比如获得终身职位或求婚成功）让我们欣喜若狂的时间和影响强度。[5] 我们这样做的主要原因可以用"幸运饼干"①中的格言清楚地总结出来："当局者迷。"换句话说，我们夸大了生活中的改变对幸福的影响，因为我们看不到我们不会一直对这种改变念念不忘。

例如，当我们试图预测婚姻破裂之后的沮丧感，或者终于有钱购买梦寐以求的海滨别墅之后的幸福感时，我们会忽略在那件事发生后的几天、几周或几个月内所发生的许多其他事情——它们能冲淡我们的快乐或者减轻我们的痛苦。日常的烦恼（比如堵车或无意中听到尖刻的评论）和日常的美事（比如偶遇一个老朋友）可能会在很大程度上影响我们的情绪，从而缓解分手带来的痛苦或冲淡新家带来的快乐。

在预测未来感受时，还有另外两种力量在起作用，二者合谋把我们引入歧途。首先，我们无法准确想象我们所预测的转折点的影响。例如，对许多人来说，一想到未来的婚姻，头脑里出现的画面就是浪漫的二人野餐、壁炉旁香气四溢的香槟酒、你侬我侬的琴瑟和鸣、相濡以沫地面对人生抉择、怀里甜睡的可爱宝宝，以及爱人

---

① 幸运饼干是一种美式的亚洲风味脆饼，里面包有类似箴言或者模棱两可预言的字条。——译者注

乐颠颠地给孩子换洗尿布。我们往往不会想象长期爱情生活中的各种压力、起起落落、激情消退、分歧、误解和失望，这些都是导致婚姻蜜月期缩短的因素。与此类似的是，我们对于失业、深深的遗憾或单身生活的想象也过于黑暗和悲观。

其次，我们低估了吉尔伯特和威尔逊所说的"心理免疫系统"的强度。就像免疫细胞保护我们免受病原体和疾病的侵袭一样，事实证明，我们有很多技能和天赋，可以让我们在面对逆境或压力时不轻易屈服。但遗憾的是，我们低估了或者没有预见这些技能和天赋，比如为失败找借口的技巧、应变能力等。人的适应能力很强，能快速弱化或排除消极经历，对其进行辩解，或者将其转化为积极的东西。想象一下我们在得知工作时间大幅减少时的感受，此时我们不明白的一点是，我们经历的最初的沮丧和自我怀疑会因为下面这些因素得以缓解：身体更加健康（因为花在健身房的时间更多了）、与孩子的关系更加亲密（因为一起在操场上玩耍的时间更多了）、意识到我们从未真正想要成为一名经纪人（因为深更半夜还要与合伙人面谈），以及我们的成长感（因为明白了挫折是如何向我们展示了甚至我们自己都不知道自己拥有的优势的）。不要误解我的意思，遭到拒绝或失业后最初的痛苦不太可能转化为快乐，但研究表明，我们的心理免疫系统很可能会缓解这种痛苦。[6]

值得注意的是，我们的心理免疫系统也会在积极事件发生后发挥作用。正如我在第二章、第六章和第八章中详细讨论的那样，人类有巨大的潜力，可以适应各种新的关系、工作和财富，其结果是，即使这样有意义的生活改变带来的回报也会越来越少。这种现象被称为"享乐适应",它是本书的一个重要主题,因为我们会习惯发生在我们身上的几乎所有积极的事情,这种倾向是妨碍我们幸福的一个巨大障碍。说到底,如果我们最终把自己的新工作、新爱情、新房子和新成功视为理所当然的事情,那么我们从中获得的快乐和满足又怎能持久呢?针对这一问题,我提出了一些基于证据的建议,旨在帮助我们克服这个障碍,设法取得成功和满足。

我认为,一旦理解了引起我们反应的错误观念和偏见,我们就会明白,无论前方的道路看起来多么清晰,都没有一条直接、合适的道路,无法了解我们的处境。相反,可能存在多条路径。我希望阅读此书能引导人们更好地理解属于自己的独特路径。这样做风险非常大,也太过冒险,因为无论我们选择哪条道路,都将在未来数年内产生连锁效应,并且无法重新来过。詹姆斯·索尔特在其婚姻主题小说《遥远的年代》中写道:"因为无论我们做什么——即使我们不做什么——都会阻止我们做相反的事情。行为摧毁了他们的选择,这就是悖论。"[7]

马尔科姆·格拉德威尔在他的畅销书《眨眼之间:不假思索的决断力》①中提出这样一个观点:基于少量信息、纯粹情感和本能在眨眼之间做出的决定,常常优于经过仔细思考和深思熟虑做出的决定。[8]在媒体报道的推动下,更广泛的文化已经欣然接受这个让人感觉良好的观点。毕竟,依靠直觉来做重要决定和判断无须任何付

---

① 本书全新修订中文版已于 2020 年由中信出版集团出版。——编者注

出,所以这个观点颇具吸引力,尤其对渴望快速解决问题的美国人来说更是如此。

在本书中,我提出的观点是:第二个想法(甚至第三个想法)可能是最好的。我给出的方法是:"思考,不要眨眼!"

关于第一种想法与第二种(或第 n 种)想法孰优孰劣的争论由来已久。从柏拉图和亚里士多德开始,历史上的哲学家、作家,以及过去几十年中的社会心理学家和认知心理学家把人类在做判断和决定时的大脑运行轨迹分为两种不同的情况。[9]对于第一种轨迹(名为"系统 1",这个名字没什么特点,我称其为"直觉"),格拉德威尔曾在《眨眼之间:不假思索的决断力》中介绍过。当我们依靠直觉、本能或当时的情绪决定是否应该辞职时,依靠的就是直觉系统。此类决定是自动做出的,非常迅速,我们根本意识不到其影响因素。在本书中,我将阐释人们对幸福的误解,这些误解影响了人们最初的想法。

人类思维运行的第二种轨迹(科学家称之为"系统 2",但我称其为"理性")要慎重得多。当我们依靠理性或理性思维决定是否要抛弃当前雇主、投奔新雇主时,我们会拿出时间专心致志地进行系统的批判性分析,并且可能会利用特定的原则或规则。这正是本书的目的,并且要帮助你达到这一目的。

在过去的半个世纪里,大量的心理学文献记录了许多错误和偏见,这导致人们根据直觉做出错误的决定。[10]的确,我们在做选择时经常会犯下大错,付出巨大的代价。这是因为,尽管我们很多人都非常相信直觉,但直觉系统通常依赖快速且随性的思维捷径或经验法则("你听说过电影院的枪击案吗?我最好还是看电视吧。"),这常常使我们误入歧途。然而,尽管直觉系统存在先天不足,但通过直觉得来的第一个想法通常比我们经过深思熟虑得来的第二个想法和第三个想法更有说服力。事实上,由于直觉判断往往看似自己主动出现,所以我们几乎将其视作"给定的"或既定的事实。[11] 因此,当我们产生一种强烈的感觉,认为我们必须辞职走人时——即使这种感觉是以幸福的神话为根据的——我们会赋予这种直觉额外的意义,并认同这种直觉,因为"感觉非常正确"。事实上,即使直觉明显是非理性的,我们也会倾向于选择它们。

我并不是说反复思考一定是最好的方法,尤其是当理智与情感给我们提供的建议相互矛盾时。事实上,我们的偏见破坏了我们面对危急时刻的第一反应,我们对幸福本质的错误认识左右了我们的最初想法(例如,"我的生活正在走下坡路",或者"我再也找不到真爱了")。我的目标是揭露并消除这些偏见和错误观念。

当然,关键在于如何做到这一点,如何将你对重大生活变化的习惯性反应或顿悟,从纯粹依靠直觉的方法(由对幸福的错误认识造成的)转变为更理性的方法。在理解了支配自己反应的假设之后,你必须决定如何行动,或者是否(以及如何)改变自己的观念。这样一来,你就会从思想上做好准备,从而取代对幸福神话的依赖。这样,你就能够做出更理性的决定,也能够缜密思考,而不是一味地眨眼。我们可以考虑一下我将在第一章重点讨论的那种情况——你开始对婚姻感到厌倦。你的第一个想法可能是:"我不再像以前那样需要我的丈夫了,所以我们的婚姻肯定出了问题,或者他肯定不再适合我了。"我将根据理论和经验,揭露你的这个想法背后的谬误——认为婚姻是永久令人满意的——并就如何处理、补救或应对你的情况提出建议。在这种情况下,应该如何决定下一步的行动呢?心理学家提供了一些有证据支持的实用建议。[12]

第一,在脑海中记下你对自己应该走的道路的最初直觉或第一反应,甚至可以把它们写下来,然后将其搁置一段时间。花一点儿时间全盘考虑自己的情况之后,你可能会根据新的信息或见解重新思考最初的直觉反应。第二,寻求局外人的意见(比如公正的朋友或顾问),或者完全通过客观的视角思考问题。关键是要把自己从具体问题的细枝末节中解放出来(比如,你当前正失去激情),并试着站在更高的角度考虑问题(比如,长期关系中的身体吸引过程)。第三,无论直觉告诉你该做什么,都要从对立的角度思考问题,全面考虑一下后果。第四,在面临多重抉择时(而不是只有一个决定),要同时权衡所有的选择,而不是孤立思考问题。研究表明,这种"联合"决策比"单独"决策更有效,更不易产生偏见。

虽然这四条建议并不是屡试不爽的灵丹妙药,但却可以帮助我们在面对人生的挑战和转折点时做出正确选择。不过,我们应该警惕的是,一定不能让我们深思熟虑的系统分析退化成对人生选择的反刍式沉思或过度思考。反刍式沉思是一个危险的习惯,很可能会引发恶性循环,增加忧虑、沮丧、绝望情绪,导致优柔寡断。如果我们的第二个想法和第三个想法反复出现,或者在原地打转,那么我们就是在反刍式沉思,而不是在分析问题。

总而言之,在面临顿悟或重大的生活变化时,人们自然想要迅速根据本能采取行动。其实，等待和思考极为重要，不要急于下结论，因为我们最初的想法局限性很大。尽管确定最佳行动方案并不容易，但我们可以从拒绝最初的想法开始，保持开放的态度，积极面对人生中危急时刻的多种可能性。

  我不建议每个人都遵循特定的轨迹。每个人都必须选择适合自己的独特道路。独特的道路或路线可能或多或少都是合适的、有益的、能带来回报的，这取决于我们每个人的历史、社会支持网络、性格、目标和资源。研究人员发现，当人们的行为方式符合他们的个性、兴趣和价值观时，他们会更满意、更自信、更成功，也更专注于自己正在做的事情，并且感觉良好。[13] 相反，本书的目标是利用最新的科学研究成果，拓宽读者面临危急时刻的视角，消除那些导致他们最初反应的对于幸福的错误观念，并介绍相应的方法，他们可以运用这些方法得出自己的结论，并培养新的技能和思维习惯。如果他们能够提高自己抑制直觉的智慧，与问题保持有益的距离，那么在面对下一个危急时刻时，他们就会做好准备。

  虽然危急时刻一开始可能会让我们感到失望、迷惑甚至悲伤，但它却是改变我们人生的机会，或者至少是实现更清晰愿景的机会。如果能认识到这一点，我们就能更好地利用重大挑战，并取得重大进展。本书的核心思想是，每个人最终都能够找到具体方法，打造令自己满意的生活，帮助自己达到并超越自己的幸福潜力。

第一部分

婚恋关系

本部分讨论的核心问题是亲密关系。对许多人来说，亲密关系所带来的烦恼是一件极其痛苦的事情。我们看一个简单的例子，在我所听到的关于离婚压力的说法中，有一种说法令人印象特别深刻，即离婚的压力相当于6个月内每天经历一场车祸的压力。也许有一天我们会问自己："我应该和我的伴侣在一起还是应该分手？我应该对婚姻持乐观态度，还是应该放弃寻找灵魂伴侣的希望？"这些问题回答起来比较复杂，但幸运的是，大量心理学研究首先阐明了我们为什么会遇到这样的危急时刻，以及这些时刻可能导致的结果。当我们发现自己的爱情生活或家庭生活出现严重问题时，在采取行动之前，一定要审视一下我们的文化对寻找人生伴侣和生儿育女的预期，这一点至关重要。因为我们大多数人都认可并接受这些期望，所以我们确信，如果实现了相关期望（找到白马王子或为人父母），那我们就能永远幸福；如果没有实现（没有找到伴侣，或者理想中的白马王子结果是个渣男），那我们就将永堕痛苦之中。在本部分，我希望推动所有人正视这些期望和假设，并思考有说服力的研究结果，看一看我们在哪些方面可能存在错误。例如，研究表明，人们非常善于适应挑战，比如保持单身或分手，或忍受为人父母所经历的考验和磨难。然而，从另一个方面来说，人们也能非常迅速地适应积极的环境变化，比如新的婚姻和工作。我的实验室以及其他社会心理学家和行为经济学家的实验室一直在系统地研究这样一种现象，即当我们发现自己对生活（比如婚姻和性生活）感到无聊时，我们是如何想当然地对待自己的生活的。更重要的是，我们怎样才能避免或减缓这种习惯性行为。这项工作的研究结果可能会让我们有意外发现，引导我们做出意想不到的决定。

我将提供一些建议，告诉你如何改变这种危险的习惯性行为，并最终决定在什么时候应该坚持找回自己之前的快乐，改善现状，或者干脆采取行动，做出彻底改变，从而变得更快乐、更充实。虽然我无法告诉你该做什么，但我可以用最新的研究成果武装你，阐明你可能面临的道路，同时介绍一些方法，你可以利用这些方法制定合适的行动方案，或者更确切地说，制定适合你自己的行动方案。幸运的是，大量关于亲密关系的最新研究可以揭示你的习惯性反应中的谬误，无论是对不幸婚姻、离婚、养儿育女还是单身生活的反应。而你对此的新认识将让你进入一个新世界，发现可能适合自己的轨迹。每个人都会在这种新科学的研究结果和意义中找到自己的位置。当你不再用非黑即白的语言描述自己的处境时（比如"我必须留下"或者"我必须离开"），你可以选择的行动方案的数量将极大增加。

第一章
如果嫁 / 娶对了人，我就会幸福

如果你的婚姻或稳定的关系持续了一段时间，那你可能会感觉厌烦，但却不愿意将这种感受告诉他人，甚至包括你最亲密的家人和朋友。虽然这看起来微不足道，或者只是单方面的感受，但这些琐碎的猜忌和不满可能会像滚雪球一样越积越多，不断折磨你，破坏你和伴侣之间的关系，最终让人崩溃失望。你的第一反应可能是结束这段婚姻，但却不知道是否应该结束或如何结束。如此一来，你反而可能会伤害对方，充满内疚，反复思考自己的感受，寻找各种借口，在麻痹和焦虑之间摇摆不定。

在采取行动之前，一定要思考一个有关幸福婚姻的神话，因为它很可能会催生你的第一直觉。这个神话是一个假设："如果嫁 / 娶对了人，我就会幸福……"[1] 你可能花费了大量的时间、精力和心思去寻找合适的或理想的伴侣，并且一心一意地维护自己的婚姻。然而，尽管你很努力，运气也不错，但你现在开始意识到，你的婚姻并没有给你带来想象中的幸福，或曾经拥有的幸福。这是一个决定性的时刻，因为此时此刻要求你弄清楚自己的期望是否现实，以及你对婚姻的要求是否过高。正如我在下面要讲到的，即使最幸福的婚姻，也无法一直保持其最初的满意程度。只有付出大量的精力和努力，才能接近最初的那种程度。

本章给出了一些选择和观点，如果你发现自己的婚姻或长期关系不再令人满意，你可以利用这些选择和观点改变现状。你可以继续被你的错误想法折磨，寄希望于它们会随着时间消失，也可以设法弄清楚它们的来源，并采取行动解决或弱化它们。我介绍的这些方法可以教你和你的伴侣重新经营你们之间的关系，因为毕竟新的、令人满意的、积极的关系如此重要。

厌倦了婚姻生活，或者对配偶习以为常

正如我之前提到的，我的主要研究兴趣之一是享乐适应，即人类有显著的能力适应或习惯大多数生活变化。[2] 享乐适应是当今心理学和经济学领域的一个热门话题，它解释了为什么胜利带来的兴奋和失败带来的痛苦会随着时间的推移而减弱。[3] 然而，这一现象特别引人注意的是，它在积极体验方面表现得最为显著。事实证明，我们倾向于把发生在我们身上的几乎所有的好事都视为理所当然，比如，搬进漂亮的公寓，做整形手术，购买新款豪车或智能手机，公司分配了宽敞明亮的办公室并加薪，沉浸在新的爱好中，甚至大婚之日，此时此刻我们会因为情况的改善而倍感幸福。其实，这种兴奋只会持续很短的时间，过了几天、几周、几个月，我们会发现自己的期望又升高了，又开始把改善后的状况视为理所当然，又会感到"幸福余额不足"。[4] 我将在第五章和第七章讨论享乐适应对工作和收入的影响，在

这里主要讨论其对婚姻的影响。

在我看来，嫁给我老公是发生在我身上的最好的一件事。这给我带来了巨大的快乐，至今依然如此，对我的生活产生了无比美妙的影响。然而，关于这个问题的一项最著名的研究发现，虽然大多数人在结婚时都感到比较幸福，但这种幸福感只能持续两年左右。两年之后，昔日的新婚夫妇又会恢复到订婚前的幸福水平。[5]

在初涉爱河时，你可能还会在堵车或者洗牙时感到快乐，但是这个阶段不会持续很长时间。因此，如果你发现自己没有刚开始恋爱时那么快乐和多情，那你正在经历大多数前辈所经历的事情。[6]如果你的哪位朋友声称自己没有这种经历（极少有例外情况），那此人很可能是在对你或对自己说谎。

婚姻带来的幸福，就像新工作或新车带来的幸福一样，很容易产生享乐适应，但是热恋、痴迷和激情持续的时间更短。如果幸运，当第一次坠入爱河时，我们会经历研究者所说的"激情之爱"，但数年以后，这种爱通常会变成"伴侣之爱"。[7]激情之爱呈现的是一种强烈的渴望、欲望和吸引的状态，而伴侣之爱则更多地包含挚爱、亲情和喜欢。如果你想知道自己现在（或过去）经历的是哪种爱情，请判断你在多大程度上同意下面这些说法。[8]

关于激情之爱：

• 我发现难以安心工作，因为我总在思念我的伴侣。
• 我只深爱我的伴侣，对别人一点儿兴趣都没有。
• 我非常担心我的伴侣会拒绝我。

关于伴侣之爱：

- 我的伴侣是我认识的最可爱的人之一。
- 我的伴侣是我想成为的那种人。
- 我非常相信我的伴侣的判断力。

为什么激情之爱不能长久？这可以从进化、生理和现实方面找到原因。我敢这么说，如果我们长期迷恋我们的伴侣，一天进行多次性生活——每天如此——那一定会影响工作，而且也没有精力照顾孩子，关心朋友或自身健康。引用2004年上映的影片《爱在日落黄昏时》——讲述的是两个昔日的恋人10年后再次相遇的故事——中的一句话来说就是，如果激情不消退，"我们一生将一事无成"。[9]事实上，疯狂的恋爱与上瘾和自恋有一些重要的共同点，如果不加以克制，最终会付出代价。人们发现无论在什么情况下，恋爱初期表现出来的强烈激情和化学吸引力，在几年内都会逐渐消失。经过几年的沉淀[10]，恋情发展成了稳固、忠诚的关系或婚姻。[11]此外，激情的转变往往伴随着整体幸福感的下降，因为蜜月期惯有的甜蜜和快乐逐渐被烦琐的家务取代，爱人之间不再向对方展现最完美的自己，也不再像当初那样关心体贴对方。[12]

幸运的是，正如进化心理学家所言，激情之爱和伴侣之爱对人类生存与繁衍都是必不可少的。虽然激情之爱很有必要，可以激励我们成双配对，让我们用全部精力建立一种新的关系，但伴侣之爱似乎更为重要，能够培养忠诚、稳定的长期伙伴关系，让我们能够繁衍、养育后代。应该说，这两种类型的爱都形成了它们自己独特的幸福品牌，一种可能更令人兴奋，另一种更有意义。

结婚之后，激情和快乐自然会衰减。鉴于此，我们似乎固执地认为长期关系应该继续作为满足我们欲望和愿望的工具。的确如此，事实上，我甚至还坚持认为，对爱情的浪漫想法让我们误解了婚姻的功能、复杂和生活常态，一旦婚姻无法继续满足我们对激情、幸福、亲昵和永恒的渴望，我们就会感到失望。在反思自己在当前伴侣关系中体验到的厌倦、激情减退或些许不满时，我们应该重新审视这些假设，确定其程度——我们的体验可能只是在某种程度上体现了一个司空见惯的过程。

我和几位同事通过实验研究，提出了克服、预防或至少减缓对稳定关系的享乐适应的几个建议。第一个建议你已经开始照做了，那就是阅读此书，即了解这种现象的普遍性，承认这是你们关系中的正常现象。认识到隐藏在沮丧和不满背后的"幸福神话"之后，你就能够理解自己的体验，并能够为其开脱，然后采取措施加以改善。第二个建议比较困难，因为只有付出巨大努力，才能减缓我们对自己伴侣（和生活中其他事情）看得越来越理所当然的进程，可能需要婚后每周都付出努力。事实上，如果想要成功地解决本章提出的核心问题——危急时刻，最好在危急时刻出现之前及早开始抵制享乐适应。

人为什么会适应美好的事物

我是8年前在美国国庆节的一次烧烤活动上认识基思的。当天我是和室友一起去的，因为我俩都没事可干，而且天气太热，家里待不住。那里的人都很好，可我不认识他们，于是就一个人在空调房里溜达，随手翻看书架上的小说。就在这个时候，基思走了进来。他戴着一副哈利·波特戴的那种眼镜，身材瘦长结实，个子很高，一头蓬乱的棕发，显然需要理发了，脸上阳光灿烂。他朝我微笑致意，我顿时觉得整个世界都在微笑。

就这样，我生命中最激动人心和充满活力的时刻开始了。基思疯狂地追求我，我很快坠入爱河。每一天、每一周，都是那么值得期待——总会发生一些有趣的、令人兴奋的或令人惊喜的事情。时间过得飞快，不久我俩就如胶似漆，形影不离，工作时我也经常走神。

我们吃过烛光晚餐，基思甚至无师自通做出了咖喱。有时，我俩会在下午逃班约会，在公寓里做爱——有一次甚至在一家高档酒店。我们分享自己的秘密，交流年少时的糗事。慢慢地，我们开始畅想给孩子取什么名字、将来住在哪座我们最喜欢的房子里（开车时看到的那些房子）。哦对了，我们还跳舞，我俩非常喜欢跳舞。我觉得自己变得更健康、更快乐、更漂亮了，对自己的一切更自信了。基思不是一个外向的人，但是他有很多朋友，大家都很喜欢他，所以我也因此认识了很多人。如今我最好的闺蜜就是在那段时间认识的。

当然，还有很多第一次。我们的初吻、基思第一次说"我爱你"、第一次一起旅行（去拉斯维加斯）等。当然，第一次的问题在于，它们只能发生一次。第二次接吻、第七次他说"我爱你"，以及之后的每一次一起度假都没有第一次那么特别、那么令人快乐。随着时间的推移，我们的关系一步步发展，美好的事情不再像之前那样频繁发生，感受也不再那么强烈。他不再每天说好几次"我爱你",我们也很少一起热烈谈论未来的生活。过去一想到要吻他或觉得自己无比幸运时,我就会不由自主地笑起来,但现在这种频率自然而然地减少了。

没过多久,我就习惯了这种恋爱的感觉,习惯了晚上和周末在一起的时间,习惯了向家人和朋友谈起基思时的自豪感。不用担心,基思很爱我,对我很忠诚,因此我开始希望他能提出我们搬到一起住。而在他真的提出同居要求、装修了我们租来的房子之后,我又有了更多的想法——结婚生子。

如今,我和基思以及我们的儿子们在一起生活得很好,唯一的遗憾是我俩再也无法找回当初那种甜蜜的时光了。那时我们有很多空闲时间,两人一起喝咖啡、看电影、旅行。今天,我们肩负着许多责任,琐事缠身。有时一个星期过去了,我俩都没有正儿八经地说过话,在厨房里也是擦肩而过,全程没有交流。有时我们会让对方失望,不再像过去那样殷勤体贴。我们彼此都失去了激情。有一次基思告诉我,他参加了一个通宵漫画书展。那时我才意识到自己不记得他曾经彻夜未归,也不知道他竟然喜欢漫画书,仿佛我俩在不知不觉中变成了路人,这让我很难受。看到他的目光在某个迷人的女人身上游移时,我甚至不会吃醋,因为我也在看她,因为我确信他永远不会离开我们。所以,我们对彼此还有多少吸引力呢?现在还有多少值得期待的?

詹妮弗,35岁,特约儿童摄影师[13]

詹妮弗的经历非常普遍,几乎所有人最终都会习惯自己的婚姻和伴侣。有关适应性的科学研究解释了其中的原因。尽管其中的一些暗示不受欢迎,但它们也揭示了我们解决这一近乎普遍问题的方法。正如理解一种疾病会让我们了解如何治疗这种疾病一样,理解某种心理现象的好处在于,我们能够了解控制它的方法。为此,我和我的合作者肯·谢尔登提出了一套理论,研究如何阻止、抵制和减缓适应速度。[14] 下面,我将介绍我们的理论包含的一些实用策略。当我们再对自己说"找到合适的伴侣那一刻,我觉得自己会永远幸福,但现在我发现自己并不满意,十分无聊"时,这些策略对我们会有极大帮助。

欣赏的重要性

有一个线索可以让你知道你已经适应自己的伴侣,那就是你已经不再欣赏对方。真正欣赏某个人意味着重视对方、感激对方,珍惜和对方在一起的时间,并能敏锐地意识到对方给你的生活带来的好处。例如,刚结婚时,你所处的环境发生了变化,一切都是那么迷人且新奇。你喜欢用"老公""老婆"这两个词语,会情不自禁地想到婚姻带来的所有好处,并且心存感激。你可能很欣赏自己的配偶,经常会想起对方——如果不是一直想。然而,等过了一段时间之后,婚后生活——彼此称呼"老公"和"老婆"、与配偶坐在餐桌旁用餐、在一天结束时热情地问候彼此——不再新奇或令人惊喜。毕竟,日常生活中毫无疑问充满了与婚姻完全无关的欢乐与烦恼——工作中的挫折、汽车故障、成功的锻炼计划、某个高中朋友的突然来访等。这些日常事务会引发不同的情绪反应,让你感到压力、愉悦、高兴或宽慰,最终可能会给你的新婚生活蒙上阴影,迫使它淡化成生活的陪衬。[15] 不过,我们从中得到的经验是,如果我们能一直感激、欣赏、重视我们的新婚伴侣——如果对方经常出现在我们的脑海中并激发我们强烈的情感反应——那我们就能够不把对方的一切视为理所当然。有几项研究支持这一观点,其中一项来自我们的实验室。研究表明,坚持欣赏生活中的美好事物的人不太可能适应它。[16]

欣赏至关重要,原因有 4 个。第一,欣赏婚恋关系能让我们从中获得最大的满足,可以帮助我们感激它、享受它、品味它,而不是将其视为理所当然。第二,我们开始对自己越来越认可,并感到与他人的关系更紧密。[17] 第三,我们表现出来的欣赏之情会激励我们和伴侣共同努力维护这段婚恋关系。[18] 第四,欣赏可以帮助我们避免被"惯坏",避免我们进行过多的社会性比较(比如,"我朋友凯利的老公跟我老公就不一样,人家整天下厨"),避免产生嫉妒心理。换句话说,如果能停下来欣赏婚恋关系中的积极因素,将其视为礼物或恩惠,那就能促使我们重视今天所拥有的,而不是关注我们的朋友和邻居所拥有的,或我们渴望拥有的。

我自己以及我同事的实验室进行的无数实验表明,经常表达赞赏或感激之情的人——那些连续 12 周每周"计算一次自己得到的恩惠"的人,或者那些给帮助过自己的人写感谢信的人——会变得更快乐、更健康,并且能在实验结束后 6 个月的时间里一直保持快乐心情。[19] 这一证据很有说服力,证明对美好的事物(比如婚姻)的欣赏可能会帮助我们抗拒对它的适应。事实证明,一些简单的做法非常有效,比如写下你对伴侣或婚姻的欣赏之处,或者给自己的伴侣写一封感谢信(不一定非要让对方看到)。

真正欣赏和享受婚恋关系的另一种方法是想象一下如果将其从我

们的生活中拿走，情况会怎样。[20] 如果我从来没有认识我的丈夫，情况会怎样呢？在那种情况下，我们今天生活中许多美好的事情可能不会发生。如果不走极端（走极端会让我们觉得自己不配拥有现在的生活，或者害怕失去现有的一切），这种"想象"策略甚至比直接尝试感恩的做法更有效。[21]

总而言之，欣赏能帮助我们享受婚恋关系中被忽视的积极因素，品味当下的美好，保持积极乐观的态度。如果我们能欣赏伴侣的优点，经常回忆当初的甜甜蜜蜜，或者能真正珍惜当下，那我们就不会把婚恋关系视为理所当然。

变化的重要性

并不是生活中所有变化都会受享乐适应影响。在我与肯·谢尔登合著的一本书中，我们发现，与那些相对稳定的状态相比（比如搬到更理想的公寓或获得急需的贷款），人们更难以适应生活中那些易变的、动态的和需要付出努力的事情（比如上语言课或结交新朋友）。[22] 此外，动态的变化似乎会对人们的幸福产生持续影响。发生动态变化之后，参与我们研究的人仍然能在 6~12 周甚至更长的时间内感觉比较幸福。而在发生静态变化之后，我们的参与者似乎在 6~12 周之后就已经在情感上适应了这种变化。[23] 我们还发现了有趣的一点，如果参与者告诉我们，某个特定的生活变化为他们的生活带来了改变（例如，让他们经常结识新朋友），如果他们报告说自己对这种生活变化一直心存感激，那么他们更有可能从这种改变中收获最大的幸福。

我们从中得到的经验是，如果想要避免享乐适应，一定要让婚姻充满情趣变化，这一点至关重要。实际上，如果我们面对的事物一成不变或者不断重复[24],那自然就会产生适应性反应,比如,每个周末的约会之夜都共进晚餐、一起看电影,或者我们和伴侣之间的亲密关系、信任达到稳定的平衡。有些变化——我们的思想变化、感情变化和行为变化——天生就令人兴奋,值得期待。[25] 事实上,接触变化和接触新奇事物似乎能对我们的大脑产生类似的影响。具体地说,这能对与神经递质多巴胺有关的活动产生类似的影响[26],药理学上的"快感"、积极的情绪和寻求奖励的行为也是如此。[27] 因此,我们可以通过多种方法最大限度地维持(至少在一定程度上)婚姻带来的幸福以及两人在一起的快乐时光,比如,改变我们和伴侣的关系,改变我们的想法,表现得积极主动等。这一建议看似老生常谈,但变化确实能让婚恋关系和爱情保持新鲜、有趣,充满活力。我们可以用我和我的学生开展的一个实验做一个非常简单的类比。在这个实验中,我们要求参与者在10周的时间里每周做几件好事。[28] 其中一些人被要求不断改变他们所做的好事(例如,今天好好优待他们的宠物,明天为他们的伴侣准备早餐),而另一些人则被要求每次都做类似的事情(例如,一次又一次地为他们的伴侣做早餐)。毫不奇怪,唯一变得更快乐的人是那些不断改变所做好事的人。

惊喜的重要性

追求持久的婚姻幸福(以及防止享乐适应)的另一个关键因素是惊喜。虽然变化和惊喜看起来非常相似——这两个概念的确经常同时出现——但二者实际上是不同的。例如,一系列事件(比如你在某个夏天看的全部电影)可能各有千秋、不尽相同,但却并不令人惊喜;而尽管某个独立事件(比如一次出乎意外的表白)可能令人惊喜,但从本质上说，独立事件是无所谓变化的。

婚恋关系开始时能给我们带来无数惊喜。当我告诉对方我对魔术感兴趣时，对方会有何反应？对方喜欢被这样抚摸还是被那样抚摸？对方是否和我一样急切地想要孩子？对方在宴会上风趣吗？对方的朋友和家人究竟是什么样子的？简而言之，新的婚恋关系就像新的工作、爱好和旅行一样，能带来许多令人惊喜的体验、挑战、好奇和新机遇。此外，新的婚恋关系还有一个特点，即研究人员所说的"模棱两可的诱惑"：当我们不太了解我们的伴侣时，我们会从他们身上读出我们希望看到的东西。[29] 然而，随着时间的推移，我们的伴侣变得透明起来，我们会习以为常，惊喜的次数越来越少，甚至一次也没有。在一起的第一年，我们的伴侣可能会暴露他们自己不为人知的一面。但等到了第十个年头，基本上不可能再出现这种情况。有时，我们可能觉得自己已经了解配偶的一切，再也没有什么惊喜了。

惊喜有什么特别之处呢？当我们在生活中发现一些新奇的东西时（比如，"我从来没有注意到他对陌生人如此体贴"），我们就会予以关注，因而更有可能欣赏它、思考它，并记住它。[30] 如果婚姻能持续给我们带来强烈的情感反应，那我们就不太可能把它视为理所当然（值得注意的是，这个观点也适用于消极反应，但是，当然，我在这里谈论的是积极情绪）。此外，不确定性本身可以增强好事带来的乐趣。例如，一系列的研究表明，当人们面对他人意想不到的善意举动，却不知道是谁做的以及为什么要这样做的时候，他们体验到的幸福感会持续更久。[31] 这种反应甚至也体现在我们的大脑中。在一项实验中，当口干舌燥的参与者被告知他们终于能够喝水时，那些不知道自己会喝什么的人(也就是说,他们不知道要喝的是水还是更有吸引力的饮料)的大脑中与积极情绪相关的部分表现得更活跃。[32] 所以,我们的目标应该是在婚恋关系中创造更多意想不到的时刻和意想不到的快乐,让我们的关系充满激情和快乐。这可能说起来容易做起来难,但人们已经发现几种比较有用的策略。

一点新奇,一点惊喜

很多人认为我们应该更主动一些的建议有悖常理。对于在生活中有意制造惊喜和变化的建议也有同样的说法。原则上,我同意这种说法,但遵循这些建议比我们想象的更可行。当然,一味坐着等待生活中出现惊喜、神秘和变化是行不通的,更有效的方法是参与能产生各种令人惊喜体验的活动。比如,和伴侣一起去陌生的地方旅行——众所周知,旅行中我们不再是日常琐事的奴隶,有更多的时间放松和反思,更容易有意想不到的体验——是一件很简单的事情。扩大社交范围,认识更多的人,结交更多的朋友,或者接受新的机遇和冒险,也是如此。如果你在健身房认识的人邀请你和你的同居男友参加一个有趣的募捐活动,一定要去;如果你俩了解到城里一个不起眼的地方开了一家时髦的餐馆,一定要去品尝一下;如果你的配偶最近对艺术、西班牙、骑行或大型多人在线游戏产生了兴趣,你一定要加入对方的"奥德赛奇幻之旅",学习更多的东西。

一些研究人员提出,给婚恋关系注入新奇感需要一种直接的方法,也就是说,需要集中精力关注伴侣身上的新事物。例如,下周的每一天,试着让自己发现伴侣当天的不同之处。这个极其简单的做法可能会使对方显得更魅力四射、动人心魄。虽然每次你们一起看周日报纸、每次接吻、每次做意大利面时，似乎都和以前没有什么区别，但请试着观察每次的不同之处。一项研究证明了这个观点，该研究让人们选择一项他们不喜欢的活动（比如吸尘、上下班走路或观看真人秀节目《美国偶像》），然后要求他们在参与该活动时注意其中三个新奇之处或他们不熟悉的方面（比如，"吸尘器的嗡嗡声把我带回了二年级课堂"，或者"我从来没有注意到节目主持人瑞安·西克雷斯特这么矮"）。那些被要求寻找新奇感的人最终喜欢上了这项活动，并且很有可能主动重复这项活动。[33]

另一种防止我们适应某事或某人的方法是改变我们的日常生活。一项有趣的研究发现，中断美好体验会使这种体验更让人感到快乐。乍一看，这个观点似乎有违直觉。当你的伴侣正给你按摩且你感觉很舒服，或者你们一起听你最喜欢的专辑，或者一起看一部搞笑的电影，或者在晴朗的天气里兴高采烈地穿越峡谷时，你最不想做的事情就是中断当时的活动。然而，事实证明，如果能在按摩期间中断 20 分钟，人们会更喜欢按摩；如果看电视时被插播的广告打断，人们会更喜欢所看的电视节目；如果听音乐时出现 20 秒的停顿，人们会更喜欢自己爱听的歌曲。[34]

理解这些发现的关键是要认识到，我们可以适应短期的积极体验，比如看电影或接受按摩，这与我们适应重大的生活变化一样，比如结婚或搬到佛罗里达。观看喜剧产生的适度愉悦体验随着时间的推移会使我们感到不那么愉快和满足，这不是因为我们不喜欢它，而是因为我们逐渐习惯了这种愉快的感觉（或者喜剧中的轻松、机智、悬念），以至于它成了我们新的规范或标准。此时，只有更强烈的刺激，才能唤起我们更强烈的情感反应。从本质上说，中断美好体验能够打破这种放松体验过程，并将其"重置"为更高强度的享受。[35] 例如，中断按摩或有趣的谈话可能会加大我们让其重新开始的期待，让我们有机会品味接下来发生的事情。美国心理学家威廉·詹姆斯建议人们"打破常规"，让枯燥的活动变得活跃起来，所以我认为他肯定完全同意上述观点。[36]

纽约州立大学石溪分校教授阿特·阿伦是研究婚恋问题的权威专家，他认为，为了避免婚姻生活中的枯燥无聊，夫妻双方应该一起参与他所说的"拓展活动"——富于刺激性、能带来新体验、传授新技能的新事物——互相挑战，共同成长。在一个经典的实验中，实验人员给了一群中上阶层的中年夫妇一份清单，上面列出了一些夫妻二人都承认不经常做但都认为"令人愉悦的"（比如富有创意的烹饪、拜访朋友或看电影）或者"令人兴奋的"（比如滑雪、跳舞或听音乐会）活动。[37] 然后，在接下来的 10 周里，实验人员要求他们每周从中选择一项活动，并花 90 分钟一起完成。10 周之后，那些参加了"令人兴奋的"活动的夫妇报告说，他们对婚姻的满意度比那些只是一起做"令人愉悦的"活动的夫妇更高。

阿伦在指导伴侣们参观他的实验室并完成一项非常简短（为时 7 分钟）的任务时，也得到了类似的结果。这项任务要么比较普通，平淡无奇，要么比较新颖，能引起生理反应。[38] 很难想出一个令人兴奋的活动，能让你和你的配偶在一个陌生的房间里于 7 分钟内完成，但这些研究人员独辟蹊径，任何参加过公司团队建设的人可能都很熟悉他们设计的这项活动：伴侣二人需要跨越 9 米长的健身垫上的障碍，用尼龙扣带将二人的一只手腕和一只脚踝绑在一起，自始至终利用双手和膝盖爬行前进，同时在二人身体和脑袋之间放一个圆柱形的枕头，枕头不能掉下来。普通活动也需要二人在健身垫上爬行，但主要目标是把球滚给对方。无论是刚开始约会的年轻人，还是结婚多年的夫妇，一起参与新颖活动的伴侣比那些一起参与普通活动的伴侣更赞同下面这些说法：与参加活动之前相比，"在做一些让我的伴侣快乐的事情时，我也感到快乐""在想到我的伴侣时，我感到兴奋、心跳加快"。还有一点更重要——实验观察者们观察了一下伴侣们有关他们未来生活规划的谈话，发现活动结束之后，与那些参加普通活动的伴侣相比，参加令人兴奋的活动的伴侣显然更认可彼此的行为（例如，更能接受对方，少了许多不快）。

不难想象，对于许多伴侣来说，完成这个疯狂的爬行任务可能会引发歇斯底里的大笑。尽管我有时发现这样的活动很老土，但却无法忽视这样一个事实：它们使人们感到更亲近、更温暖，甚至对彼此更有吸引力。令人惊讶的是，即使像这样短暂的活动，其效果也能持续长达 7 个小时。[39] 然而，人们没有必要真的去购买尼龙扣带和圆柱形枕头，和配偶坐下来，列出两人都想做的、觉得令人兴奋的事情，同样也能改善婚恋关系。研究人员推测，共同参与令人兴奋的新颖活动可以引发积极情感（例如，我们可能会忽略攀岩时的恐惧感，将其视为增强彼此吸引力的活动）[40]，促进夫妻间的依赖感和亲密感（因为许多此类活动都需要彼此合作，比如在健身垫上爬行），引导我们了解彼此的新情况（就像在一项研究中，实验人员要求伴侣们拿起写有亲密问题的卡片，轮流回答上面的问题[41]），并产生积极的情绪（例如、愉悦、骄傲、好奇、快乐）。这往往会给我们生活中的一切，包括我们的婚姻，涂上更加积极乐观的色彩。

失去激情，或者对与配偶做爱习以为常

即使在最幸福的婚姻中，经过一段时间之后，我们也不再能像之前那样从与配偶——或者与婚姻有关的所有事物——相处中获得同样的幸福感。这一过程在所难免，我们可以从中得出的一个不幸的结论：我们最终从婚姻性生活中获得的乐趣也会减少。[42] 我们不应对此感到惊讶或不安，但很多人显然有这样的感受。当沉浸在新发现的激情中时，我们会被当时的情绪、思想和幻想深深控制，根本不可能想象有一天这些激情会消退。

尽管人们不愿意接受，但事实上，性爱激情和性兴奋很容易趋于平淡，让人习以为常。研究人员在实验室进行实验时，让实验对象反复浏览色情图片，或要求他们进行性幻想，观察他们的反应，跟踪性兴奋的变化。结果发现，随着时间的推移，男性和女性的性兴奋都呈现出降低趋势（通过直接询问和测量生殖器的实际充血程度来评估）。[43] 事实证明，熟悉不一定会滋生轻视，但肯定会滋生冷淡。用雷蒙德·钱德勒的话来说就是："第一个吻是魔法，第二个吻是亲密，第三个吻是例行公事。"[44]

相比之下，新奇的体验可以用作一种强效催情药，正如"柯立芝效应"所示。据传说，一天上午，美国前总统卡尔文·柯立芝和第一夫人格蕾丝·安娜·古德休前往肯塔基州参观一个家禽农场。参观过程中，柯立芝夫人问农夫："为什么公鸡数量这么少，母鸡却能产这

么多蛋？"农夫自豪地解释说，他的公鸡每天要履行几十次它们身为公鸡的职责。柯立芝夫人对此感到震撼，于是故意说道："把这件事告诉总统先生。"柯立芝无意中听到关于公鸡性能力的对话，便问农夫："每次都是同一只母鸡吗？""噢，不，总统先生，"农夫回答道，"每次都是不同的母鸡。"总统会意地点点头，微笑着说道："把这件事告诉柯立芝夫人！"[45]

不管这个故事是不是杜撰的，它都赋予了下面这种现象一个名字：当出现新的、中意的伴侣时，大多数群居哺乳动物都会表现出焕然一新的性欲和性能力。人类似乎像公鸡和母鸡一样容易受到柯立芝效应的影响。事实上，进化生物学家认为，性行为的变化在进化上具有适应性，其进化是为了防止早期人类的乱伦和近亲繁殖。我想要表达的核心思想是：当我们的配偶变得和兄弟姐妹一样熟悉时，即当我们成为一家人时，我们就不会再对对方产生性吸引力。[46]

所有人都能得出这样的结论：在长期稳定的一夫一妻制的关系中，性行为的对象都是同一个人，日复一日没有任何变化。鉴于这个原因，任何一个真正的人（或哺乳动物）都无法对自己的配偶保持与当初同样的欲望和热情，当初他们的配偶初涉爱河、未经人事。[47]我们可能深爱着自己的伴侣，可能崇拜对方，甚至愿意为对方牺牲自己，但是这些感觉并不能转化为持续多年的激情。

作为这一观点的有力证据，大量调查显示，性欲、性满意度和性爱频率会随着婚恋的发展而下降。[48]令人惊讶的是，甚至在大学生中（尤其是女生中）也发现了这种模式，尽管她们约会才仅仅一年。事实上，说到性欲，年龄并不像人们想象的那么重要。比方说，假如你想推测一对情侣的性爱频率,如果你能从他们在一起的时间来考虑,而不是考虑他们的年龄,那你的推测可能准确得多。

不止一个问题有这种特点,最明显的就是充满激情的性爱无法持久。此外,这种享乐适应是人之常情,天生如此,极为普遍。但我们大都忽视了这一点,结果导致我们因为性爱频率减少或性欲降低——因为我们对婚姻的幻想破灭了——而责怪自己(或伴侣)。结果就陷入了恶性循环:性欲下降被视为婚恋关系出现问题的一种症状(其实这只是正常的适应过程的一种表现),从而破坏了我们对两性关系的满意程度,进一步削弱了性欲。[49]《性饥渴的婚姻:夫妻提高性欲指南》和《欲火重燃:帮助性冷淡和无性婚姻的渐进计划》之类的图书之所以成为畅销书,是因为我们很多人——实际上所有人——总会遇到这个问题。

另一个根本问题涉及性别差异。在讨论性行为时,男女之间的差异开始发挥作用,对此没有人感到惊讶。然而,所讨论的性别差异可能会让你吃惊。我们先从人们意料之内的事情谈起,大量的调查已经证实一个显而易见的事实,即相对于女性,男性的性幻想更频繁,性欲更强烈,想到性的次数更多,渴望更频繁地发生性行为。[50]与这些结果相一致的是,无论是我们看到的、听到的,还是实验调查得到的证据(更不用说涉及政界、体育界和电影界的知名人士的绯闻)都证明了一个似乎不容置疑的事实——男人比女人更容易出轨。[51]并且,男性一旦出现不忠现象,常常会涉及更多数量的性伴侣[52](一个公认的极端例子是,据说老虎伍兹的出轨对象数量是121人[53])。

因此,有理由认为,男性比女性能更快地适应与同一伴侣的性行为，但研究人员开始怀疑的事实恰恰相反——女性适应得更快。第一，研究表明，在长期的婚恋关系中，女性比男性更容易对性失去兴趣，而且失去兴趣的速度更快。[54] 第二，从生理上来说，女性似乎比男性更容易被范围更广的刺激唤起性欲[55]，而与陌生人发生性关系的幻想则最容易激起女性的性欲。[56] 研究表明，熟悉的伴侣对女性的生理刺激可能会变得越来越少。第三，女性的性欲一直被说成受到一种强烈且迫切的欲望控制——渴望被侵犯、被垂涎和被需要。[57] 由于男性在结婚誓言中承诺永远只与妻子发生性关系，所以妻子很难说服自己，认为丈夫决定在星期五晚上与自己做爱真实地体现了他那种"必须现在得到你"的强烈欲望。出于这一方面的原因，性学研究者玛尔塔·梅纳认为，女性需要比男性更强大的刺激来激发她们的性欲。她解释说："如果我的性欲不像你那么强烈，那你最好能从身心上给我更大的刺激，让我想要做爱。"[58] 所有这些观察得出的结论是一致的：女性对性爱的标准比男性更高，需要更大的刺激和新鲜感。也许我的男性朋友们说的没错，对他们来说，性爱就像比萨——世上没有难吃的比萨或糟糕的性爱。但不用说，女性肯定不同意这种说法。

激情能持久吗？

人们发现有两种关系能够维持激情：一是开始时期望值很低，爱情和欲望发展非常缓慢的关系（例如，包办婚姻），二是充满不确定因素的关系（例如，不稳定、滥情或者反复无常断断续续的恋情）。然而，这种关系代价太高，或者对我们大多数人来说无法接受。那么，在相濡以沫、稳定忠诚的婚姻关系中，激情能持久吗？一方面，如上所述，多方面的原因导致大多数婚姻无法保持长久的激情；另一方面，最近的一些研究提供了一些线索，告诉我们如何重燃和保持强烈的性欲。[59]

值得注意的是，一小部分已婚人士表示，即使结婚几十年，他们与配偶的性生活也非常美妙。例如，一项对 156 对夫妇进行的平均为期 9 年的研究表明，13% 的夫妻表现出持续较高的激情。尽管没有在恋爱初期观察到的有害的强迫性成分。因此，我们有必要了解他们的秘密。谢莉·盖博教授的实验室的研究发现可以给我们一些启发。

大多数人对婚恋关系都有自己的目标，盖博和她的学生对研究有"主动"目标和"被动"目标的人之间的差异很感兴趣。主动婚恋目标指的是努力在婚恋关系中获得积极体验，比如乐趣、成长和亲密，而被动目标指的是避免冲突或拒绝。[60] 例如，如果我主动让我和伴侣的关系变得更深入、更温馨，如果我想办法让我俩共同成长，那我所拥有的就是主动目标。如果我把精力花费在避免分歧和争吵上，一心只想确保我们之间不会发生不愉快的事情，那我所拥有的就是被动目标。尽管这两种类型的目标都有作用，但事实证明，拥有主动关系目标的那些人（无论是与配偶、朋友、子女，还是与老板的关系）更有可能对这种关系感到满意，更能保持积极的态度，不会显得孤傲和缺乏安全感。[61]

不同类型的目标与持久激情之间有什么关系呢？盖博认为，我们当中那些一心想同伴侣一起追求积极体验的人可能会把性生活视为一种理想的方式，能将积极性和亲密感引入婚姻。如此一来，我们可能会更多地考虑性生活，可能想通过更频繁地做爱来取悦伴侣或者与其建立亲密关系。我们可能会对伴侣的性暗示更加敏感，随时准备迎合对方，并努力创造亲密的氛围。具备主动目标也可以让我们心情更好、心态更乐观，这本身就可以提高性欲。

为了验证这个观点，盖博和她的同事进行了一系列研究，他们每天或每两周跟踪记录参与者的性欲，以及他们的主动目标和被动目标，包括性生活目标（例如，做爱是为了"追求自己的性快感""表达对伴侣的爱"，或者做爱是为了"防止伴侣不高兴""防止伴侣对我失去兴趣"）。[62] 那些对婚恋关系持有被动目标的参与者报告说，在6个月的研究过程中，他们的性欲下降了，但那些持有主动目标的参与者的性欲却没有下降。此外，研究人员还跟踪记录了被试每天的性欲以及婚恋关系中的各种事情（比如，关于假期计划的争执，二人共同好友的一次突然到访），结果发现，与持有被动目标的人相比，持有主动目标的人在美好的日子里能够感受到更大的激情，而在糟糕的日子里激情也没有像预期的那样衰退。

这些研究结果让人振奋，表明所有人都应该努力维持婚恋关系中的积极体验，而不是避免消极体验。毫无疑问，婚姻与性爱治疗师可以提供更多的策略和方法帮助许多夫妇，例如，前面提到的在婚恋关系中定期注入新奇体验、变化和惊喜。然而，最关键的一点是，关于如何维持性爱激情，或者甚至在少数婚姻中这是否可行，科学几乎没有任何重要发现。这究竟是好消息还是坏消息取决于我们如何看待它。我认为，性爱激情的衰退同成长或衰老一样，只不过是人类生命的一部分，所有人都在所难免。

如何培养婚恋关系

本章讲的是一种令人失望的感觉，即我们的婚姻充其量不过是马马虎虎、乏善可陈，没有出现严重的危机、背叛或水火不容，只是双方逐渐感到无聊或不满。此外，缺乏严重的创伤可能会产生不利影响，让我们对自己看似"无病呻吟"的不满感到内疚。然而，这种不满并非无病呻吟，它甚至可能代表着婚恋关系中的分水岭。这就是为什么一定要认识到我们的不满源于享乐适应的过程，这种适应是自然产生的，是可以预见的，并且最好是在婚姻陷入困境之前及早采取切实有效的措施来减缓、预防或者抵制享乐适应（如前面所讨论的那样）。如果我们能理解困难和快乐一样，都是稳定的婚恋关系的组成部分——几乎所有人都会遇到激情衰退和满足感减少，那么修复婚恋关系就不会那么令人畏惧，也会更有价值。如果能认识到婚姻中不存在幸福的神奇秘方，那我们就会对未来有更多的选择。

许多理论家、临床心理学家和婚恋专家提出了很多方法，以强化亲密的婚恋关系。如果不提及这些方法，那我的罪过可就太大了。他们提供的建议包括抽时间聚在一起聊天，巧妙地沟通（也就是说，用心倾听，彼此协调，互相赞美、欣赏，互诉衷肠），解决矛盾，相互支持，友善和忠诚，分享彼此的梦想、习惯和责任。[63]虽然这些方法的目的不是直接针对享乐适应，但事实证明它们可以改善伴侣关系的质量，提高幸福指数，从而缓解婚恋关系中的倦怠感。在此，我提供另外三个基于科学研究的方法。

充分利用伴侣的好消息

我最喜欢的研究之一是夫妻如何分享彼此的积极体验。很多人都认可一点，即婚姻最大的好处之一就是在面对压力、消极或痛苦时有一个可以求助的人。其实，我们经常求助于我们的伴侣以解决发生在我们身上的最糟糕的事情，并且完全可以根据对方的支持、同情和敏感程度判断彼此之间的关系，我们也经常和对方分享最好的事情（研究表明，人们每天有 70%～80% 的时间在做后者）。[64] 令人惊讶的是，我们发现最密切、最亲密、最值得信赖的关系，不在于伴侣对彼此的失意、损失和挫折的反应，而在于他们对好消息的反应。事实证明，在健康的婚恋关系中，夫妻双方对彼此的意外收获和成功的反应是"积极且具有建设性的"，即在意对方，为对方感到高兴。[65] 当丈夫告诉你他升职了的时候，如果你的反应是高兴得手舞足蹈、叽叽喳喳不断地打听升职原委，那就是在告诉他，你理解他成功的意义（无论是对你，还是对他），这可以使得这一刻更令人难忘，证明成功的重要性，并表明你很在乎他。无论男性，还是女性，如果他们的伴侣以这种积极、建设性的方式回应他们，他们对彼此关系的满意度、信任感和亲密感都会非常高。

遗憾的是，我们并不总是以最理想的方式对伴侣的好消息做出反应（或者他们对我们的好消息做出适当的反应），相反，我们最终做出的反应会破坏我们的关系。例如，研究人员发现，当我们得知配偶升职时，如果我们没有用言语表示支持（几乎没有表现出多少热情），指出升职后工作的复杂性或缺点（比如，"你周末不得不加班"或者"这是否意味着我们必须搬家"），或者干脆什么也不说，那么我们就是在破坏婚恋关系中的幸福、温馨和信任。

总之，欣赏、肯定和利用配偶的好消息是一个有效的策略，可以加强我们的关系，从而增加我们从中获得的快乐和满足。简而言之，这个方法可以消除享乐适应。一项研究表明，那些对于伴侣的好消息（无论多么不起眼的好消息）努力表现出发自内心的热情、支持和理解的人——一周内每天三次这样做——会变得更幸福、更快乐。[66]大家现在开始行动起来还为时不晚。

帮助伴侣实现理想的自我

关于"积极行为"在婚恋关系中的重要性，已经有过很多讨论，也有过很多著作，例如，我刚才描述的那些行为（欣赏、肯定、尊重、安慰、理解）。然而，正如我将在后面指出的，过于积极或一直积极可能不利于我们的婚姻，甚至可能损害婚姻。其实，有一种特别的积极行为具有特殊的性质，能改善婚恋关系，增进伴侣之间的感情。研究人员称这种行为为"伴侣肯定"，即相信、支持和肯定伴侣的价值观、目标和梦想。

在思考如何实现自己的抱负和理想时，我们很可能会一直把注意力集中在我们必须采取的步骤和付出的努力上，可能会低估最亲近的人在帮助我们实现目标方面所能发挥的巨大作用。有时，这一点是毋庸置疑的。我们在塑造自己的性格、学习新技能，以及获得新资源方面的成功程度，往往受其他人影响，比如我们亲密的伴侣或配偶。研究人员认为："人们从伴侣身上看到的其实就是他们自己。"[67]这个研究结果有一个动听的名称——米开朗琪罗现象，这个名称源自意大利文艺复兴时期的艺术家米开朗琪罗，他雕刻了佛罗伦萨市的雕像《大卫》。据说，米开朗琪罗说过这样一句话："我在大理石中看到了被禁锢的天使，于是不停地雕刻，直至让他自由。"[68]像雕塑家一样，我们有能力影响和塑造我们的伴侣，使他们能够实现理想的自我——实现他们对自己的最高期望。这个过程可以以渐进和巧妙的方式展开。例如，如果我的丈夫非常腼腆，我可以巧妙地引导晚宴上的谈话，为他创造完美的机会，用他最迷人的故事取悦客人，帮助他变得更加外向、更喜欢交际[69]。此外，我对他的社交能力的期望可能增强他的信心，并催生自证预言（或者更确切地说，是实现伴侣的期望）。我也可以有意识或下意识地劝阻他避免妨碍实现目标的情境（比如在聚会上引导他不要总是坐在自己认识的人旁边），让他展现自己最好的一面。

当这个雕刻过程——米开朗琪罗现象——成功时，我们的伴侣将会成为他们（和我们）希望成为的那种人，我们的关系也会得到加强，并且无论是作为个人还是夫妻，我们最终都会变得更幸福。[70]当我们的配偶肯定我们，并帮助我们更接近理想的自我时，我们会感到更快乐、更有活力，这不仅是因为我们离目标越来越近，而且因为我们感到自己真正被理解，于是十分满足，并充满感激之情。当意识到对方是多么关心、支持和鼓励自己时，夫妻之间的爱就会进一步发展。如果我们肯定自己的配偶，就会从自己表达的支持中感受到更强大的爱（比如，"我为她做了这么多，我定要发自内心地爱慕她"），并且会因为这种支持而对配偶的感觉越来越好（比如，"我发现她是一个非常有创造力的人"）。最后，我们自己也会更快乐，因为大量研究表明，予人玫瑰，手有余香。为他人做好事可以提升积极情绪和整体幸福感，这可能是加强社会联系、增强自我效能感和乐观情绪的结果。[71]

抚摸的力量

一想到抚摸在浪漫关系中的重要性，我们就很可能会想到性。将抚摸和性行为自然联系起来是不恰当的，因为抚摸的意义和影响要广泛得多，也强烈得多。

抚摸包括拍拍后背、握手、拥抱、搂肩膀等动作。这些动作通常非常迅速，有时几乎无法察觉。但是，不要仅仅因为轻微的抚摸不引人注目，就认为它无关紧要。事实上，有关研究表明，抚摸能够挽救平淡乏味的婚姻。

身体接触在人类生活中的核心地位是毋庸置疑的，更别提它对动物生活的影响了。从心理学到人类学再到动物行为学，许多领域的研究人员都观察到抚摸在许多行为中的应用，包括权力或地位的交流、调情、玩耍、和解、安慰、合作以及传达特定的情感。[72]值得注意的是，触觉是新生儿的所有感官中最发达的。[73]对婴儿来说，身体接触与身心健康有关。[74]例如，对早产儿采取的皮肤对皮肤的袋鼠式护理所具有的好处和缺乏身体接触的孤儿所遭受的巨大伤害就证明了这一点。同样重要的是，正如几位著名的发展心理学家所力证的那样，如果孩子想要在与照顾者的关系中培养健康的依恋感和安全感，身体接触至关重要。[75]例如，父母的爱抚、搂抱和拥抱会让孩子感到安全，让他们有一种被保护的感觉。正是这种安全感赋予了孩子独自探索和冒险的能力，即使身处不熟悉的环境中。[76]令人惊叹的是，如果蜘蛛妈妈抚摸蜘蛛幼虫的次数相对较多，它们也更有可能探索新环境。[77]无论是人类婴儿还是动物幼崽，如果缺少抚摸，都会表现出恐惧、不信任，不愿意探索周围世界。

抚摸的重要性不可否认，但却被严重低估了。当然，在日常生活中身体接触的可接受性和普遍性存在显著的文化（和亚文化）差异。

例如，希腊和意大利的情侣比英国、法国和荷兰的情侣在互动时更多地通过肢体接触。[78] 在上大学的头几个星期里，我就深刻地体会到了这种文化差异。那时，我第一次离开家。我来自一个俄罗斯家庭，在注重身体接触、亲吻和拥抱的环境里长大，直到上大学，我才意识到并不是每个人的行为都是一样的。的确，我至今还记得影片《脱线家族》里的一幕：大女儿玛西娅走到妈妈身边，想吻她一下，她的妈妈（并没有生气）说："你为什么要这样做？"玛西娅吻她的母亲需要理由吗？我还惊讶地从朋友那里听说，他们几乎从未见过父母之间有任何形式的触摸或亲昵行为（他们自己也几乎没有体验过，尤其是在十几岁之后）。总而言之，在美国以及许多国家，家庭成员之间或夫妻之间几乎没有非性接触行为。

如果你对婚恋关系感到厌倦或冷淡，那么每天多一些（非性的）抚摸和亲昵，将有助于重新唤起已经随着时间流逝而失去的热情和温柔，即便无法重燃昔日激情。研究表明，简单抚摸可以激活大脑的奖励区，减少流经血液的压力激素，降低对大脑中与压力相关部分的激活程度，减轻身体疼痛。[79] 这些发现表明，身体接触几乎就像药物一样，当配偶抚摸我们时，我们会感到心情舒畅，不那么疲惫烦躁，会发现身体的不适和心中的烦恼减轻了许多。

配偶也可以通过抚摸表达其感情。其实，人们仅凭轻轻拍一下手臂就能解读不同情绪的能力实际上已被相关研究证明。例如，在一系列研究中，来自西班牙和美国的两对素不相识的参与者受邀进入实验室，被安排在挡板两边，彼此无法看到对方。[80] 然后，实验人员要求其中一名参与者通过挡板上的一个小洞抚摸另一名参与者的前臂，并传递某种特殊的情绪。被抚摸的参与者（以及在旁边单纯观看抚摸的观察者）能够识别抚摸传达的 6 种不同的情绪——爱、感激、同情、愤怒、恐惧和厌恶。并且，当他们的伴侣被允许抚摸身体的任何（合适的）部位时（不局限于前臂），参与者能够读出另外两种情绪——快乐和悲伤。[81]

对我们自己身处其中的无数关系来说，这种通过简单抚摸识别不同情绪的能力极为重要：一个传达爱意的轻微抚摸动作可以使争吵降级，表达感激之情的轻轻一拍可以增进亲密关系，对配偶的成功感到高兴的拥抱可以增加满足感。科学家还发现，某些形式的抚摸会让我们想起很久以前在母亲或父亲的拥抱中感受到的安全感。轻拍一下后背或肩膀可以激发安全感和舒适感，让我们变得更具冒险精神，也更愿意冒险（最好以富有成效的方式）。[82] 此外，与语言交流相比，科学家能够根据非语言交流（如抚摸和手势），更准确地预测哪些夫妻会继续生活在一起，哪些会离婚。[83]

在婚恋关系中，我们可以试着每周增加一定数量的身体接触。例如，在第一周，每次你们在厨房里擦肩而过时，都抚摸一下对方的后背或胳膊；在第二周，每当坐在一起时，一定要坐得很近，能够抚摸对方；在第三周，每次分别或见面时一定不要错过与对方深情一吻。当然，你们对非性接触的喜好或开放程度可能会有很大不同，这取决于你和伴侣的性格、背景和家庭情况。如果两个人都觉得不大能接受，那你们最好一步一步地来；如果在特殊情况下对你有帮助，那你们最好就身体接触的目标讨论一下。

小结

也许你认为自己已经解决所有问题：找到"正确的人"，步入婚姻殿堂，开始幸福生活。然而，随着时间的推移，婚姻生活的回馈不再像预期那么高，你开始感到焦虑不满，逐渐变得冷漠迟钝，渴望得到更多幸福，因为你意识到婚姻不再让你感到幸福。其实，这不应成为婚姻的终点，也不是另一段婚姻的起点。本章详细阐述了你的婚恋体验，对其进行了合理分析，为重新经营维护婚姻指明了方向，并让你从思想上做好了准备。

对于很多人来说，感到无聊和不开心的第一反应就是断定自己或自己的婚姻出了问题，然后开始推卸责任。你最初的想法是，如果婚姻不能满足自己对亲密、激情和陪伴的所有需求，那么你（或你的伴侣）就已经失败。在明白哪些改变是可能的、哪些是不可能的之前，你需要超越那些最初的想法，注意第二个想法。要想具备这种更理性的观点，你需要认识享乐适应。意识到这种现象的普遍性，可能会让你认识到自己对婚姻的不满是自然的、司空见惯的，因而不再将其归咎于配偶和自己，开始采取措施减缓享乐适应过程。此时，你就可能对婚恋关系产生更积极的看法。最佳的做法是尽快阻断享乐适应，用心经营婚姻。先从哪种策略开始取决于你的偏好、资源和需求。有些人可能首先努力为婚姻注入刺激、新奇、变化和惊喜等因素。也有些人可能选择向伴侣表达感激之情，帮助伴侣展现最好的一面，或者在伴侣成功时表现得更加兴高采烈。在卧室内外，你可能选择将自己的目标转换成更积极的"主动"模式，或者更频繁地抚摸对方。

如果你努力了，却没有结果，也许就该承认自己对婚姻失去了兴趣和激情，不可能挽救婚姻，或者不值得挽救。在这种情况下，就需要与伴侣分手，寻找新的爱情。这一选择可能带来巨大的幸福，尤其是如果你能幸运地找到一个非常棒的伴侣。不过，要注意，这也可能会让你大失所望，因为你很可能会发现，你在新恋情中的激情忽高忽低，和在旧恋情中一样。此时此刻，你应当明白享乐适应这一自然过程会再次自行上演。明白了这一点之后，该如何行动完全取决于你自己。

第二章

如果关系破裂，我就不会幸福

学术界有一个广为流传的故事，说的是一位知名教授，他的妻子除了当天的购物活动之外，不和他谈任何其他更有意义的事情。一天晚上在剧院看戏时，他突然明白了个中原因。剧中的主角演绎的是自己在 20 岁、30 岁、40 岁等年龄段的生活。每过 10 年，这个人物离平静绝望的生活越来越近。看完戏后，教授心想："这演的可能就是我啊。"当天晚上，他决定与妻子分手，辞去在密歇根的工作，搬回自己的家乡纽约。如今，他和前妻都幸福地再婚了，住在相隔万里的地方，两人都组建了新的家庭。

不得不说，这个故事有点儿极端。我们中很少有人会在很短的时间里断定自己娶/嫁错了人，并按照最初的想法行事。通常情况下，这种想法会断断续续地浮现出来，持续数周、数月甚至数年。事实上，离婚的想法非常普遍，而且在最终离婚的人群中，这种想法更为普遍，这并不出人意料。其实，离婚的念头并不是凭空出现的。通常来说，一个或多个关键事件导致我们意识到婚姻出现危机，也许是一种孤独的感觉，也许是双方处于完全不同的层次，也许是不再关心对方的幸福，或者发现对方不忠。

本章阐述的是在长期恋爱或婚姻中面对的一个似乎无法解决的问题。也许夫妻两人在家庭财务、在哪里安家或者是否要孩子等问题上存在不可调和的矛盾。当然也可能是其他问题，比如，一个人可能已经变得面目全非，有了外遇，出轨了，或者拒绝戒酒。毫无疑问，这是一个令人备受煎熬、极其痛苦的时期。于是你有了离婚的念头，但又对离婚感到极度焦虑，因为你觉得这样一来自己的家庭生活就彻底毁了。然而，对幸福神话的盲目相信可能明显加剧焦虑和痛苦。这个幸福神话就是，"在关系破裂或离婚之后，我就不会幸福"。几乎每个人都知道，经历濒死的爱情或破裂的婚姻会让人觉得生无可恋，感觉进入人生至暗时刻。其实，人类非常善于在最糟糕的情况下生存下来，甚至从此蓬勃发展，因为我们在设计解决方案和寻找积极方向方面格外足智多谋。通过介绍无数此类的解决方案和行动方向，我的目的是既驳斥这种幸福神话，也详细说明具体方法，以应对这种情况，并向前迈进。美好的婚姻会给你的人生插上翅膀，让你成为最好的自己，而不幸的婚姻则会禁锢你的身心，让你暴露自己最坏的本性。然而，不幸的婚姻并不意味着你的生活已经完蛋，也不表示你已经丧失幸福的机会。研究表明，你还有很多条路可以走。一是继续这种婚恋关系，并适应它（更多内容见下文）。二是结束这种关系（也请参见下文）。最乐观的方法是改善和巩固婚恋关系，也就是说，尽量挽救自己的婚姻。我首先从这种方法谈起。

向前和向上：巩固婚恋关系
积极情绪是消极情绪的解毒剂

对于培养或改善婚恋关系，大多数人可能都有自己的方法。如上一章所述，婚姻和家庭治疗师建议我们尝试多种方法，如决心不再把对方视为理所当然，向对方表达钦佩之情，与他们分享自己的梦想，向他们展示我们的善意等。说起来容易，做起来难。当被令人畏惧的问题困扰，看不到未来的希望时，这种婚姻待办事项清单似乎不仅难以承受，而且显然是不现实的。也许更可行的办法是对我们的婚姻感到"满足"（"满意"和"充足"两个词的合体），也就是说，在一个足够好的婚姻里，努力成为一个足够好的配偶，即足够好的丈夫或妻子。

在生活中，有时我们的首要目标应该是直接应对婚姻问题中的消极因素，我在下面关于应对和宽恕的章节中针对这种情况提出了相关的建议。然而，积极心理学家已经认识到，有时候通往幸福和成功的最佳途径不是直接迎面而上，而是间接迂回。换句话说，我们可以用积极的情绪、积极的思想和积极的行为来抵消消极因素，而不是一味想要解决婚姻中的消极因素和问题。因此，举例来说，和配偶在一起时，不要试图直接将内心的消极情绪（比如不安或愤怒）降到最低，而应该通过最大化我们的积极情绪（如平静或爱恋）来达到同样的目标；不要试图直接减少消极的想法（比如一直耿耿于怀，认为自己配不上对方），而应该努力树立积极的想法（例如，认为未来一定比过去更美好），用积极的想法抵消消极的想法；不要试图直接减少婚恋关系中的消极行为（比如吵架或翻白眼蔑视对方），而应该努力增加积极行为（比如微笑或言语和善），这样就能抵消消极行为。当彼此的关系处于低谷时（或者已经触底），培养更多积极的思想、积极的情绪和积极的行为似乎是一场徒劳的艰苦战斗，可能是你最不想做的事，也可能是你认为最没有必要做的事。然而，研究表明，此时此刻，这种策略最有必要，也最有价值。

想象一幅航空公司的路线图，就像你在一本精美的飞行杂志后面看到的那种。由于定期航班从数百个城市起降，所以每个大城市和小城市都与其他城市联系在一起。有些城市是枢纽，所以有很多航班起降，而有些城市只有少数几个航班，这就需要你换乘几次飞机才能到达目的地。研究内部心理状态的认知心理学家认为，所有人都有广泛的"语义网络"，看起来有点儿像航空公司的路线图。语义网络由我们所有相互关联的记忆和思想组成，而不是由以多种方式相互连接的城市组成。因此，洛杉矶与旧金山之间用一条粗线连接（表示航班很多），但它与弗雷斯诺之间用一条非常细的线连接（表示只有一两个航班）。同样，你患肺炎卧床不起的记忆可能与被迫取消商务旅行的记忆紧密相关，而与儿时患水痘的记忆则关系不大。

如果你对自己的婚姻感到失望，那你很可能已经建立几十个甚至上百个负面的记忆、错误的假设、愤怒的形象和悲观的预测。这些都在你的大脑的语义网络中联系在一起，以致一个糟糕的记忆会让你想起另一个，一个焦虑的想法会激活另外六个。这就是为什么在出现问题的婚姻中，一场鸡毛蒜皮的争吵很容易就会迅速升级，勾起多年前的积怨（比如，"你从来没有关心过我的事业！还记得1988年我的那次升职吗？"），或者导致严重后果（比如，"我才不会跟你生孩子！"）。毫无疑问，这种强大的负面语义网络十分有害，会造成恶性循环，导致我们的问题变得越来越糟。由于这个原因，认知治疗师通常试图打破客户语义网络中的消极联系，以此治疗抑郁症和焦虑症（以及不幸的婚姻）。例如，如果你觉得自己没有魅力，那这种想法可能会让你联想到妻子曾经说你又胖了，进而联想到她可能不爱你了。认知治疗师的工作是从语义上挑战客户的逻辑，或者提供更周全的解释，以此反驳这些通常被歪曲的想法。

认知疗法非常有效[1]，部分原因在于它常常能成功地将我们的悲观想法和记忆分离。然而，由于并不是每个人都有时间、资源或财力找治疗师，所以我提供了另外一种方法来处理我们的消极语义网络。这种方法不需要切断特定想法和特殊记忆之间的联系（这通常需要一个接一个地费力完成），而是向整个语义网络注入积极情感，这些情感实质上起到了消解或融化我们所有消极、怨恨、愤怒、恶意的形象、记忆和想法的作用。

这是怎么做到的呢？积极情绪具有显著的特征，能够打破消极状态。喜悦、满足、兴趣、平静或自豪的感觉可以帮助我们从更广阔的角度看待我们的婚姻，并为紧张痛苦的婚姻提供一种"心理暂停"，从而减轻所有不愉快的经历导致的痛苦。此外，这种积极的状态还可以直接抵消不时出现的消极情绪的影响。例如，与配偶的争吵常常会让我们变得焦躁不安，我们的血压、心率和皮肤温度也会瞬间飙升。值得注意的是，短暂的积极体验（比如，阳光照在脸颊上带来的愉悦，对外出就餐的期待）可以加速我们从这种不健康状态中恢复过来。因此，在面对困难时，即使是短暂或微不足道的积极情绪，也能增强我们的适应能力,帮助我们重新振作起来。[2]

相关研究还表明,在经历快乐、满足、好奇或骄傲时,我们随时愿意接受这个世界,会表现得更细心,更有创造力,更愿意接受新体验,更加信任爱人,与爱人的关系更加和谐,相信生活更有意义,会觉得自己是我们人生航船的船长。[3]更重要的是,感受到的积极情绪越多,我们积累的积极思想和体验就越多,最终我们的积极情绪会发展成一种独立的生活方式,形成健康向上的螺旋式发展趋势。作为世界上首屈一指的积极情绪专家,芭芭拉·弗雷德里克森曾经这样说过:"积极情绪……开启成长之路,让人们成为更好的自己。"[4]

目标是3∶1。我们都知道——事实上我们一直都知道——积极的情绪、满足和小确幸的确能让人感觉良好。现在,我们知道积极情绪带来的愉悦掩盖了它们对我们以及对婚恋关系的真正价值。下一步是要弄清楚我们究竟需要做些什么——在什么时候做、怎样做、做多少——才能给我们的生活带来更多的积极情绪。弗雷德里克森根据十多年来自己实验室的研究以及其他科学家的实验研究,建议我们的目标应当是在生活中体验积极情绪至少是消极情绪的三倍,也就是说,积极情绪和消极情绪的比例至少应当是3∶1。[5]她发现,最成功的个体、最成功的婚姻以及最成功的工作团队——他们都体现了成长、发展和适应力——显示出来的这两种情绪的比例都高于3∶1。当低于这个比例时,我们所经历的积极情绪(或者积极的思想、积极的社会互动)就显得太少,不足以发挥最大作用。这意味着如果我们经历的积极情绪和消极情绪大致相同,或者说,即使我们经历的积极情绪是消极情绪的两倍,我们很可能也会感到忧郁、孤独和苦恼。

例如，婚姻幸福的夫妻彼此在语言和情感表达方面这两种情绪的比例约为 5∶1，而非常不幸福的夫妻表现出来的比例不到 1∶1。有意思的是，高效与低效业务团队之间在这两种情绪的比例与夫妻之间完全相同（5∶1）。密切关注人们日常生活的科学家们还发现，那些最健康、最成功的人报告说，每天发生在他们身上的好事与坏事的比例也接近 3∶1。[6] 当然，这并不意味着消极体验的影响是积极体验的三倍，但研究表明，一种负面情绪、一通尖刻的话语或一件不愉快的事情造成的冲击，能抵得过或者超过三种甚至更多积极体验带来的冲击。因此，我们要努力争取让积极体验的数量是消极体验的 3 倍，最好接近 5 倍。婚姻问题专家兼夫妻问题治疗师约翰·戈特曼认为，他只需通过比较夫妻之间在互动时积极情绪和消极情绪的比例就能够预测哪些夫妻可能离婚。[7]

我的建议是把你和伴侣之间发生的积极或消极的事情写下来，例如，记录你们每周吵架、表示爱意、表达感激、批评对方、漠视对方的次数等。然后计算积极与消极体验的比例，并设法增加分子的数量（婚姻中的积极事件，换言之，要去爱，不要争斗），减少分母的数量（婚姻中的消极事件，例如，预测冲突的发生，并将其扼杀在萌芽状态）。换句话说，这就像银行账户一样，你的目标应该是为自己的婚姻存入更多的钱（金额越多越好），而不是一味地取款（负债累累）。我建议大家每天早上问自己这样一个问题："今天我能拿出 5 分钟的时间做些什么来让我的爱人的生活变得更好呢？"研究表明，非常简单的行为，例如，分享一件发生在我们身上的有趣的事情，透露一些私人的事情，微笑，仔细倾听伴侣说话，表现得热情洋溢，表现得开心幽默，能够影响婚姻的幸福指数、亲密程度、吵架的结果，甚至影响彼此的健康。[8] 人们可以从最初的三分钟预测一对夫妇15分钟谈话的结果。[9] 所以一定要特别重视前三分钟，而且无论付出什么代价，都要尽量减少婚姻中不愉快情绪和让人厌恶的行为。

是否会出现积极因素过多的情况？积极心理学家很少讨论过多的积极互动或积极情绪可能有害的观点。然而，当涉及婚姻时，尤其是当涉及非常不幸福的婚姻时，即使一点点过于积极的情绪，也可能带来真正的风险。

婚姻顾问通常会教导夫妻以积极的方式思考和对待彼此。举个例子，他们可能会鼓励你包容伴侣的不当行为（比如，"他之所以当着别人的面冲你嚷嚷，是因为他今天压力太大"），而不会鼓励你记录这一周他有多少次责难你或冷落你。换句话说，就像本杰明·富兰克林在《穷理查年鉴》中建议的那样："婚前睁大双眼，婚后睁一只眼闭一只眼。"然而，有一半的夫妻根本没有从这种治疗中受益。[10] 一些研究人员推测，这是因为，问题最大的夫妻需要观察彼此互相指责和排斥的程度，不应当睁一只眼闭一只眼，而是需要睁大双眼，需要反省自己在何时表现得冷淡或刻薄。简而言之，苦恼的夫妻需要监督并承认自己的问题（即使这样做会让他们暂时感觉糟糕或不满意），这样才能解决问题。

专家可能建议我们不要为婚恋关系中的小事而烦恼，但事实上，这些可能并不是小事。所以，如果我们粉饰婚姻太平，淡化争吵、伤害，或者过早地捐弃前嫌、言归于好，那我们可能就发现不了婚姻中的严重问题，也就无法解决问题，结果会让问题变得越来越糟。研究人员发现，对那些非常幸福或只有无关痛痒问题的夫妻来说，他们可以从对彼此做出的积极评价、抱有的很高期望、不予理会伤害或怠慢中受益，但存在严重问题的夫妻的情况刚好相反。这似乎有悖常理，但受益最大的是那些从彼此不当行为中不大能得出乐观结论的人，是那些不大表达积极期望的人，以及那些记录下彼此伤害次数的人。[11] 总之，婚姻非常不幸的人仍然应该努力增加积极情绪和积极互动，但不要以无视问题为代价。

交流的艺术

最近我最喜欢的两项研究测量了速配者和大学年龄段的情侣在交谈过程中的"语言同步"（也被称为语言风格匹配）程度。[12] 当你和伴侣使用的词语和表达方式相互匹配时，你们表现出来的就是语言同步。例如，你们可能都会使用很多陈词滥调（比如，"那都是昔日的美好时光"），你们也可能都会说一些华丽的辞藻、比较正式的语言，你们还可能都愿意使用一些表示情感的词语（比如，伤心、渴望、害怕），使用大量的停顿和语气词，你们甚至可能都喜欢说方言（比如，"今天我可是倒了八辈子的霉"）。之前的研究发现，说话方式和手势（比如眼神、姿势等）相似的人更容易彼此吸引。[13] 然而，在最近的研究中，研究人员对夫妻和可能成为夫妻的情侣进行了评估，看他们是否会巧妙地（和不知不觉中）互相使用虚词，比如冠词（一个、这个）和代词（我、你、我们、他）等。这可能看起来相当深奥，但事实证明，虚词的协调使用可以反映对话双方试图让对方参与的程度，以及他们在沟通和理解对方方面的成功程度。

研究结果非常有趣，如果初次约会的双方语言风格相互匹配，那他们很可能想再次约会，语言风格相互匹配的大学生情侣很可能在三个月后仍然在一起（对于朝三暮四的大学生恋情来说，三个月已经够长了）。那些语言风格不匹配的人对彼此表达浪漫兴趣的可能性更小（在针对约会的研究中），分手的可能性更大（在针对夫妻的研究中）。研究人员还分析了一些著名的、浪漫的柏拉图式情侣的情书和情诗中的语言同步性，例如，西尔维娅·普拉斯和特德·休斯，伊丽莎白·巴雷特·勃朗宁和罗伯特·勃朗宁。通过分析这些人婚恋关系中的起起伏伏，研究人员发现，他们最幸福的时光（例如，普拉斯和休斯婚姻的头四年）体现的语言同步性最高，而他们最不幸福的时光（普拉斯30岁自杀前的两年）体现的同步性最低。[14]

有人可能认为，在与伴侣语言的匹配程度上，我们无能为力，因为这个过程是自动的，无法控制。但我认为，我们可以有意识地尝试匹配彼此的说话模式，并因此改善婚恋关系。女性似乎天生就比男性更擅长语言（以及非语言）模仿[15]，这可能意味着男性必须更加努力才可以。你是否曾经中断与某人的谈话，中途接听电话，然后猛然发现自己改变了说话方式，为的是与电话另一端的人保持一致？有时这很容易做到，但有时你可能会意识到必须在思想和语言上加以控制（因而在谈话结束后，你会感到筋疲力尽，如释重负）。你的身体也会配合谈话对象。研究表明，对话双方通常会反映各自的动作（例如，你放松，对方也放松；你揉下巴，对方也揉下巴；你笑，对方也笑），只是一般注意不到而已。

如果你能有意识地改变自己的说话方式，那么你就能有意识地与伴侣形成语言上的同步，从而改善你们的关系，即使只是改善一点点。这种同步性有利于改善人际关系，主要原因是，它是一个信号，表明我们正在倾听，并真正试图了解和理解彼此。注意力是至关重要的。例如，与不友好的听众相比，心不在焉的听众似乎对共同体验造成的伤害更大。[16] 乍一看，虽然这似乎有悖直觉，但当我们与朋友或伴侣分享重要的记忆、事件或人生梦想时，我们宁愿对方给出的反应是消极的，也不愿意看到对方毫无反应。因此，语言同步性在有问题的婚恋关系中尤其重要，因为在这种关系中对话交流存在较大困难。如果你能在紧张的交流中采用与对方相同的说话风格和手势，那你们就更有可能互相倾听，也更有可能解决当时的问题。

改善你的生活：处理婚姻问题

婚恋关系中的一些因素很难培养或改善。我们可能难以忍受伴侣身上的某个特点（比如脾气暴躁、自以为是、不良嗜好等）。对方可能表现不忠，欺骗我们；对方的工作可能让其每周有 5 天时间不在家。我们试图改变对方或改变这种情况，但收效甚微。在婚姻中面临困难时，我们可能会考虑采取行动，学着接受当前的困难，妥善处理目前的情况。虽然这条道路看起来可能比较艰难——至少在刚开始时是这样的——但是它能让我们修复破碎的关系，愿意做出较大改变或彻底改变，最终突破所有障碍，让婚姻生活更美满。

对于选择这条道路的人们来说，来自三个不同研究领域的研究结果可能极为有用：一是在婚姻之外寻求安慰和快乐，比如在我们的家人和朋友之间；二是学习新的、平衡的方法来获得自信，并观察和理解我们的日常生活；三是原谅。

社会支持

人类（和灵长类动物）需要归属感，需要觉得自己被人关心，需要依靠其他个体和群体来生存与发展，这是我们天性中的重要组成部分。[17]社会支持在帮助我们处理压力和痛苦的生活体验方面尤其重要。当婚姻出现问题时，向朋友、亲戚、心理专家甚至宠物求助[18]，都能立即提振我们的精神，消除我们的忧虑。这些对象能让我们感觉到有人爱我们、重视我们，可以帮助我们更好地理解当前的处境，提供具体的建议，告诉我们如何解决问题，并可以为我们提供实际帮助或经济援助。从某种意义上说，愿意倾听的耳朵和可以依靠的肩膀能够减轻我们在婚姻中可能感受到的痛苦，并为我们提供所需要的资源（如信心、信息或躲避方式）来应对痛苦或采取行动。

年轻时，我严重低估了社会支持和情感支持的作用。有一次，为了一段注定无果的感情，我连续哭了几个小时，念念不忘，难以自拔。后来，在用了大约一个小时的时间和一个好友谈论了我的感受之后，我的痛苦值从10降到了3。我要花多少钱才能买到一粒有如此神奇疗效的药片呢？！

当我们在婚姻中遇到严重问题时，比如伴侣不忠诚、每天吵架、在是否要孩子的问题上存在严重分歧，这些问题看起来十分棘手、令人畏惧，很难想象仅靠来自朋友或家人的温暖和安慰就能解决。当然，大多数时候，社会支持并不会让问题消失，但它可以在很大程度上帮助我们应对问题，缓解问题，减轻我们对问题的不良情绪反应。有一项巧妙的研究证明了这个观点。在该研究中，研究人员招募了一批志愿者，他们刚好从一个山脚下路过，有的是独自一人，有的是和朋友一起。[19] 令人难以置信的是，与那些孤身一人的志愿者相比，那些有朋友陪伴的人——尤其是身边有一个很熟悉的朋友——认为那座山并不是很陡峭。可以将生活中的困难——尤其是婚姻中的苦恼——比喻成陡峭的山峰，同伴和知己能让我们感到问题与压力没有想象中的那么严重。

有时，当你想与配偶分手时，你真正想与之分手的是你自己。可以肯定的是，米开朗琪罗现象既有积极的一面，也有消极的一面。你的伴侣可能非但没有帮助你成为理想的自我，反而把你塑造成一个你鄙视的人。这是朋友和家人可以提供巨大支持的另外一种情况，他们能够帮助你着眼大局，重新树立信心，帮助你认识自己的不良变化，并帮助你摆脱这些变化。

总而言之，如果有一天你突然觉得自己娶/嫁错了人，那么此时你能做的最重要的事情之一就是和自己信任的人谈一谈。除了我刚才介绍的可以在心理方面获得具体的好处之外，你可能还会发现这样做给神经和生理带来的好处。有亲密知己的人的大脑、心脏、神经内分泌系统和免疫系统对某些伤害或压力（比如感觉被拒绝或被忽视）的反应不那么强烈。[20] 并且，只要一想到自己拥有社会支持，例如，认为妈妈会永远在身边支持自己，就可以减轻压力，提高自己的幸福指数，尤其是在面对挑战时。当然，想要获得社会支持，你不一定是聚会的核心人物，或者周围都是愿意为你牺牲的人才可以。只要参加社区团体（家校联谊会、读书会、跑步俱乐部、教会或犹太教堂团体），或者至少有一个好朋友，那就可以享受社会支持带来的好处。[21] 婚姻之外有很多亲密的朋友似乎没有必要。[22]

"旁观者"技巧

假如糟糕的婚姻关系中没有连续不断的争吵和冷落,那它就不是真正糟糕的婚姻:她今天对我很冷淡;他在我们的朋友面前羞辱我;她断然拒绝了我的亲昵举动;他没跟我商量就花了一大笔钱;她很晚才回家,一进门就把自己关在房间里;他给孩子们吃垃圾食品,完全无视我的反对;她为鸡毛蒜皮的小事暴跳如雷;他让我觉得自己像个白痴;她似乎根本不关心我的事情。一想到这些事情给你带来的情感伤害,你就感到精疲力竭,并且有点伤心。如果上述情况发生在我们身上,我们通常会思来想去,情绪低落,难以释怀,最终被指责、担心、拒绝、烦恼、不安、怀疑和敏感冲昏头脑。换句话说,越是思考伤害或苦恼,我们的感觉就越糟,得出的结论就越有偏见,距离解决问题的方法或出路就越远。[23] 然而,尽管我的研究和其他人的研究都表明,我们最好不要想这些事情,应该把注意力转移到更积极的事情上,或者不要为小事而烦恼[24],但通常这个建议不会被人们采纳。当伴侣无视我们或蔑视我们时,他们的行为很可能证明了这个问题不会自行消失,无论结果怎样,都需要针对这个问题采取行动。

最近的一项研究提出了一种更合理的方式,用以研究痛苦的体验,即我们应该"超越自我",从更长远的角度来分析我们的负面情绪和烦恼。[25] 换句话说,我们应该以别人的视角观察和思考自己。并且,我们应该避免通过自己的眼睛思考和看待过去的经历(比如,回想某次争吵或羞辱),因为这种"沉溺自我"的视角通常会引发有害的回忆,让人难以释怀。

这背后的原因是,当我们以旁观者的身份反思糟糕的经历时——仿佛从远处观察自己——我们就能够重新审视这些经历，可以看得更清楚，洞悉其中的原委。相比之下，如果我们通过自己的眼睛回忆消极体验——好像我们依然处于彼时彼刻——那么我们最终还是会耿耿于怀，沉浸在痛苦之中，反复回想当时到底发生了什么、谁说了什么，以及我们的感受。研究表明，那些能超越自我或采取"旁观者"视角看待最近让他们感到不被重视或愤怒的事情的人，或者在实验人员的鼓励下采取这个视角的人，更有可能以建设性的方式解决他们的问题，不太可能对伴侣的不友好行为进行报复。[26] 此外，超越自我可以减轻愤怒、悲伤和悲观情绪造成的伤害[27]，降低我们对压力的生理反应（例如，血压上升幅度不会太大），这不仅对我们的情绪有好处，而且对我们的身体也有好处。[28]

因此，等下次你的婚姻再遇到麻烦时，无论是小麻烦，还是严重的危机，先将其搁置一段时间，然后有意识地从某个客观的观察者的视角来思考这个问题，比如，从治疗师的视角、公正的朋友的视角甚至陌生人的视角进行思考，这样就可以从远处仔细观察自己和你的配偶。专家已经证明，这种做法能阻止你陷入无休止的纠结，也能阻止你逃避现实[29]，可以使你对危机有一个更清晰、更合理的理解，甚至能让你重拾信心，解决问题，应对危机。

将消极体验封存在盒子里

婚姻中有许多麻烦，我们需要承认并努力解决它们，但也有一些麻烦，我们应该接受并搁置它们，应该把它们"封存在盒子里"，然后束之高阁。大家可能想知道，什么样的实验为这个建议提供了实证支持，或者这个想法是如何转化成实验对象的。值得注意的是，事实证明，不需要这样的转化。研究人员要求参与者将非常痛苦的记忆写下来，然后让他们把这些记忆封存起来（用的不是盒子，而是信封）。[30]

如果你想模仿这个实验，首先要想到一件让你感觉非常糟糕的事情，例如，婚姻中让你感到十分后悔的事情或决定（比如，任何一方的不忠行为），或者某个没有实现的个人愿望（比如，生孩子或换工作），然后将这件事写在纸上。[31] 这会让你感觉更糟，至少一开始是这样的。最后，你要把这些纸折起来，放进一个信封，封好后交给实验者或者直接将其扔掉。研究发现，这一过程可以减轻痛苦事件对你的情感造成的伤害，使你感到不那么悲伤、遗憾、焦虑、失望、愤怒。

在谈到控制或克制情绪时，我们经常使用与物理封闭相关的术语，例如，掩埋我们的悲伤，掩藏我们的忧虑，掩饰我们的愤怒，或者掩盖我们的感情。事实证明，物理行为中的封存、封闭或锁起能帮助我们在心理上将问题和痛苦封锁起来。将痛苦打包封存会让我们感到解脱，会感觉一切情绪都在我们的控制之下。这个技巧往好里说看似简单，往坏里说看似愚蠢，但我还是鼓励大家尝试一下。把与你的麻烦有关的物品——无论是日记、信件，还是照片——封存起来，这可能极大地减轻你的痛苦，帮助你继续前行。

原谅对方总是有益的吗？

几分钟前，你在上班时接到配偶打来的一个电话，对方告诉你其与情人共度良宵后刚刚到家。你俩正经历一段不稳定的时期，但你一直认为你们之间的关系还算稳固。配偶向你道歉，想今晚和你见面。[32]

一组研究人员正在研究如何衡量和培养原谅能力，他们使用的就是这个充满感情色彩的假想场景。尽可能发挥你的想象力，把这想象成刚刚发生在你身上。你会有何反应呢？从今天开始，你将如何处理你们之间的感情和关系？你会真心原谅对方吗？

我一直都比较敬畏能从内心原谅他人的人，比如，那些身为父母却能原谅杀害孩子凶手的人，那些遭到不公平的囚禁却能原谅使他们受难的制度的人。最著名的被囚禁者可能要算南非前总统、诺贝尔奖获得者纳尔逊·曼德拉。据说在1994年的总统就职典礼上，曼德拉告诉现场观众——其中许多人是来自世界各地的政要、皇室成员、总统和总理——他非常荣幸能在当天请来了罗本岛监狱的三个狱警作为他的客人。他在罗本岛监狱被关押18年，在采石场做苦工，靠微薄的口粮生活。曼德拉后来说，如果他不原谅对方，那他将在痛苦和仇恨中度过余生。[33] 他的这一观点不仅深入人心，而且实验证明是完全正确的。无论宽恕的行为多么离奇——就像上面那个夸张的例子——还是宽恕我们日常生活中的错误，原谅他人都能从多个方面解放我们。

科学研究结果

有句格言说得好："人总会犯错，能原谅别人就是圣人。"[34] 不管我们是从杂志里的文章，还是从妈妈那里学到的这句格言，我们大多数人都听说过原谅他人对我们有益。原谅指的是改变对伤害过我们的人的看法和行为，从痛苦和报复性的情感转变为善意情感（或积极的思想、情感和行为）。[35] 据说它能释放我们的愤怒和仇恨，改善我们的关系，并最终让我们更快乐、更健康。事实上，人们已经发现，真正的原谅可以减少不满情绪，最大限度地减少消极、愤怒或抑郁的想法，增加乐观情绪，提高对生活的满足感，促进婚姻稳固，提高婚姻幸福指数，改善身体健康，甚至可以提高工作效率。[36] 如果配偶的行为让你感到痛苦，不妨花点儿时间考虑一下这些科学研究的含义。

教人们提高原谅他人的策略的干预性研究已在许多不同群体中成功开展，其中包括已婚夫妇、乱伦幸存者、经历过孩子自杀的父母、伴侣私自堕胎的男人、婚姻关系中受到伤害的孩子，以及为子女抚养权发生冲突的离婚夫妇。[37] 专家已经证实，如果配偶伤害了我们，而我们一直不原谅对方，那对方的错误会蔓延到我们未来的婚姻生活和冲突中，最终成为我们心中的严重障碍，阻碍我们解决问题。原谅他人不仅能避免人们陷入婚恋关系的恶性循环，而且还能引发强烈的情感和互动。事实上，有的研究甚至发现，原谅一个人（比如我们的伴侣或邻居）会影响其他方面的关系，因为只要想起我们原谅的那个人，就能够加强我们与家人、朋友和同事之间的联系，让我们更有可能为慈善机构捐款，或担任重要活动的志愿者。[38]

但是……受气包给出的警告

既然原谅他人的好处如此之多，并且原谅他人者如此高尚，那为什么我们中的许多人不愿意接受它，不愿意经常这样做，尤其是在婚恋关系中？为什么在看到长期备受煎熬的丈夫和妻子一次又一次原谅他们的配偶犯下的过错时，我们的心情会十分复杂呢？进化和社会心理学家给出了一个合理的解释，即人类生存和繁衍的希望有时取决于宽容，有时取决于报复，关键是要分清在什么情况下采取什么行动。[39] 例如，如果不加批判地匆忙原谅对方，我们最终可能会表现得不够冷静，伤害我们的自尊，后悔没有为自己据理力争，破坏婚恋关系，无法让伴侣吸取教训，无法让他们有所改进。[40] 如果过于草率和频繁地原谅配偶，我们就有可能丧失自我，忽视婚姻关系中的真正问题，变成对方的受气包。

那么什么时候该原谅，什么时候不该原谅呢？科学家最近给出了一套标准，用以判断原谅对方的益处和坏处。从本质上讲，如果你的丈夫犯了错误，而你认为：（1）你和他会维持婚姻关系，并且你珍惜这段婚姻；（2）他不太可能再犯同样的错误或再次伤害你；（3）他很少做错事，那么原谅就能产生积极的结果。例如，在一项针对已婚夫妇的研究中，那些原谅经常犯错的伴侣的配偶，随着时间的推移，遇到的婚姻问题越来越多（反之亦然），但那些原谅很少犯错的伴侣的配偶，一直对自己的婚姻比较满意。[41]

其他研究表明，如果配偶比较随和，或者能够积极改正错误，那么原谅他们可以让你产生强烈的认同感，并且会极大提升自己的自尊。相反，如果配偶不随和，或者不能积极改正错误，那么原谅他们可能会让你感觉明显更差一些。[42] 总之，如果你的妻子——可能对你不忠、为人诡诈或者尖酸刻薄——向你发出信号，表明你在婚姻中是安全的、有价值的，那么原谅她将增强你对自己的认同感和价值感，维护你们的婚姻，解决不可避免的冲突和问题。然而，我们需要仔细反思一下，看一看我们想要原谅对方是出于何种动机，是否合情合理、经过深思熟虑。是想挽救婚姻，还是因为担心万一婚姻完蛋，我们就永远不会幸福，所以才不择手段地试图避免对抗。原谅他人是一种选择，需要有意识的努力，这种努力可能会给你和你的婚恋关系带来巨大的回报。但是，如果所有迹象表明你的伴侣没有自责，并且一定还会犯错，那么此时原谅对方就不是明智之举。

趁早结束

想象这样一种情况：尽管你什么方法都试过了，但婚姻中积极体验和消极体验的最高比例还是1∶1，你一直郁郁寡欢，因而决定不再浪费美好光阴。分手和离婚都是个人决定，没有人——甚至包括著名的婚姻顾问——能够告诉一对夫妇是否应继续下去。我也做不到，但我想给大家提供一些社会科学方面重要的最新发现和结论，这些发现和结论可能会（也可能不会）影响你们的决定。

等待的作用

"时间会治愈一切创伤"这句俗语可能是对的，至少在某些情况下是对的，但听起来让人不舒服。如果你们的婚姻经常经历风风雨雨，或起起落落，而你们的关系长时间处于低谷，那你们很有可能会经受住考验。我听过一个有趣的故事，故事的核心是一碗浑水。碗里面全是泥沙，非常浑浊，它的主人不知道如何才能让水变清澈。是该把水煮沸，冷冻，摇晃，还是过滤？是否有某种化学物质可以吸收或中和水里的泥沙？他试过很多方法，但都不奏效。真正起作用的是把这碗浑水静置一会儿，让泥沙沉淀。于是，他停止了所有努力，放松下来,把这碗水搁在一边。过了一会儿,他注意到泥沙开始沉淀,水很快就变得清澈了。[43]

如果你让婚姻平静下来,静观其变,可能会发现问题能自行解决。

你能够适应离婚后的生活,并且能够成长

如果问题不能自行解决,那该怎么办呢?此时,也许你会像40%多的夫妻那样,决定分手或离婚。[44]这个决定令人恐惧,因为像离婚这么重大的事情不仅会多多少少改变你的生活和家庭,而且会影响你的整个人生(无论是过去、现在,还是未来),改变你的生活意义和目标,这毕竟不是你希望的结局。

人们通常会在离婚期间和离婚之后经历一系列情感变化,从背叛和拒绝到悲伤和解脱,从愤怒和恐惧到内疚和自怜。此外,有时情绪波动会在几分钟内来回变化,赋予"情绪过山车"这个词新的含义。你可能会觉得生活就像一团乱麻,自己也变得神经兮兮,开始怀疑自己的价值和作为伴侣的价值,可能要面对各种问题,例如,堆积如山的文件,与律师没完没了的通话,与前任就财产和监护权问题进行的紧张谈判,以及感觉无所谓或有所谓的孩子们。除此之外,你还可能遇到新的财务、就业和社会压力,可能感到求职或者找一份薪水更高的工作的巨大压力。而且,就在你最需要社会支持的时候,你可能感到孤立和孤独,因为在婚姻结束后,友谊也会发生变化,你的一些"伴侣"朋友可能会疏远你。

尽管面临巨大的挑战和压力,但大多数人可以挺过离婚,甚至过得很好。事实上,对8项不同研究(研究的是人们离婚前后的表现)

的分析表明，随着时间推移，人们的幸福感会增加。[45] 本书的主题之一是人类具有极强的适应能力，能够将创伤转化为财富，将糟糕的经历转化为成长经历，例如，人们能够从离婚中恢复过来，甚至比以前更坚强。关于适应能力，我最喜欢将其视为一种"普通能力"，而不是只有拥有特殊力量的非凡人物才能拥有的能力，以致我们永远也不可能模仿他们。[46] 相反，它是一种普通能力，包括在逆境中积累和体验积极情绪的能力。然而，由于我们大多数人没有意识到这种能力的普通却非凡之处，因而通常会低估自己承受不幸的能力。因为我们担心在经历了逆境或创伤（比如家庭破裂）之后永远不会快乐，所以低估了所有人都拥有的这种普通能力。

无论是专业研究人员，还是自助类图书作者，都撰写过大量文章，讨论了那些能帮助我们成长，甚至能从离婚带来的损失、痛苦和创伤中"获益"的特殊方法。[47] 这些方法能帮助我们在最黑暗的日子里应对自如，逐渐成长。你可以从今天开始，着手尝试下列某项活动，可以是你觉得最自然或最有意义的活动，或者至少是你觉得最不担心开始的活动。

- 问问自己，你是如何因分手和离婚而变得更强大的。
- 把你的婚姻生活和离婚之后的事情写下来，包括你因此经历的成长和改变，以及你为未来制订的重要计划和目标。
- 想想离婚后别人对你说过的最有趣的事情。
- 问问自己在这段时间里的真实感受，为什么会有这种感受，给自己布置一个任务，和别人分享你的感受。
- 每天做一些能让自己感到快乐的事情，哪怕是微不足道的事。

- 试着回忆一下什么方法帮助你从之前的创伤中恢复过来,并再次采取同样的方法。
- 反思一下精神生活对你的意义,以及如何利用它与他人建立联系。
- 通过帮助他人或指导他人与他们建立联系。

这些方法有助于培养和提升你的能力,帮助你即使在面对痛苦的时候,也能保持积极的态度,帮助你理解分手的意义,重新排列生活中的事项,更加重视那些有意义、可实现的新目标。[48] 这些活动也能减轻困难的负担,鼓励你不要把问题看得太严重,提高你对自己和他人情感的认识和敏感程度,培养你表达自己的情感以及与他人联系的能力。[49] 这些步骤有助于你更多地参与更重要的事情,并依赖婚姻之外的其他重要关系。

最后,我还要提及一种几乎人人都需要强化的资源——自尊。由于自尊在生活的许多方面都能产生重要影响,所以它是人类所有特性中被研究得最多的一个。因此,当务之急是评估你当前的自尊水平。为此,请分析一下你对下面每一种说法的同意程度(1 = 非常不同意,2 = 不同意,3 = 同意,4 = 非常同意)。[50]

1. 我觉得自己是个有价值的人,至少与其他人处于同一个层次。
2. 我觉得自己有很多优秀的品质。
3. 总的来说,我觉得自己是个失败者。
4. 我能像大多数人一样把事情做好。
5. 与大多数人相比,我觉得自己没有什么值得骄傲的。

6. 我认为自己还是比较积极向上的。

7. 总的来说，我对自己比较满意。

8. 我希望自己能更尊重自己。

9. 有时我确实觉得自己一无是处。

10. 有时我觉得自己一点也不好。

为了确定你的自尊得分，首先你要对自己对第 3、5、8、9、10 这几项的评分进行"反向评分"，也就是说，如果你给自己打了 1 分，把它改成 4；如果你给自己打了 2 分，把它改成 3；把 3 改成 2；把 4 改成 1。然后把这 10 项的得分加起来，计算出总得分。

你能得到的最高自尊分数是 40 分（你强烈同意前文所有积极的说法，强烈反对所有消极的说法），最低得分是 10 分（你的想法与上述说法相反）。世界人口的平均得分为 31 分，美国人的平均得分为 32 分。所以，如果你的得分低于 31 分或 32 分，那么超过 50% 的人比你有更高的自尊；如果你的得分低于 20 分，那么你的自尊分数就处于倒数 1/3 的人群。

如果你的分数低于平均分，那么无论多么艰难，你的主要目标之一都应该是提升自尊。你可以从"婴儿学步"开始，朝着有助于你完成某件事的目标前进，培养友谊，同情他人，提升自我感觉。[51] 本书的几个章节为实现这一目标提供了参考。

离婚之后，生活还要继续

对享乐适应的研究表明，我们能很快适应大多数负面事件。例如，在一项研究中，在离婚后的头两年里，人们经历了巨大的痛苦，但随后似乎又振作起来[52]，生活依然继续，每天大量的琐事会占据人们大部分的注意力。

我们之所以会认为离婚（或者其他不幸）能让人（在更长的时间里）不幸福，是因为我们认为自己会在未来一年或五年内沉溺于离婚带来的痛苦，无法自拔，因而不会考虑在接下来的一年或五年将会发生的许多事情，也不会考虑这些事情可能转移我们的注意力。[53]毕竟，我们可能需要做牙科手术或找人修理空调，可能会看到我们的孩子以优异的成绩毕业，可能会与一个失散多年的表亲取得联系，可能会学习为朋友们烹制丰盛的海鲜大餐，也可能带着孩子去佛罗里达群岛进行一次愉快的（或糟糕的）旅行。简而言之，我们需要知道会发生许多与离婚完全无关的事件，并且需要参与其中。离婚不是在真空中发生的[54]，生活还要继续，生活中的其他事件就像当初离婚造成的创伤一样，依然在左右、控制我们的情绪，甚至有过之而无不及。要真正有效应对离婚，就要模仿一些研究参与者的做法（研究人员在几项巧妙的研究中对参与者提出的要求）：静下心来，根据实际情况列出未来需要自己花费时间和精力去做的事情（比如，看医生、参加宴会、修车、来年希望自己加薪等），这样就不太可能夸大离婚造成的痛苦。[55]

在《家庭之光》这本关于家庭生活的小说中，一位父亲面临再也不能和妻子一起生活的问题。当他问女儿，自己现在应该做什么时，女儿的话适用于所有人：

> 你会感到难过……会想念她，但你还会继续给病人看病，

继续与野鸟观察者见面，继续为盲人录制音频。你会和朋友见面，一起吃饭。你会换机油、购物、去听音乐会。你会用清洁工具清洗望远镜。你会铲雪、修剪草坪、清扫落叶。你会读书、做饭。[56]

事实上，离婚对日常生活的影响随着时间的推移会越来越小。

离婚后孩子怎么办

你会忘却离婚带来的痛苦，即使无法忘却，你也可能原谅对方，兴许你的生活还会变得更好。但是孩子们怎么办？调查显示，不幸福的夫妻主要是为了孩子才选择继续一起生活。[57]这一现实既不是没有道理的，也不令人惊讶，但关键是要确定人们关于离婚对孩子以及对生活其他重要方面的影响的假设是否正确。关于这个问题的文献包括两种极端的观点：第一种观点认为离婚不会给孩子带来长期影响，第二种观点认为离婚会造成永久性伤害。与大多数争论一样，答案就在这两者之间。我对这项研究的看法更接近第一种观点，即离婚不会带来长期影响。总的来说，离婚肯定会对孩子产生一些不利影响，但这些影响往往很小，并不适用于所有家庭。[58]

一方面，离婚后，前夫或前妻当好父母的难度更大了，这很正常。例如，他们难以有效、持续地监控、监督和约束孩子，难以给予他们爱和亲情，难以缓解亲子冲突。造成这种困境的原因是新的监护权安排、家庭凝聚力的破碎以及父母日益增加的抑郁、焦虑和压力。然而，这种破坏性后果往往比较短暂，影响不是很普遍。例如，一名研究人员对离异家庭的孩子进行了测试，看一看他们是否不如正常家庭的孩子快乐、自信，是否成绩较差，人际关系不够健康，存在较多的行为问题。在对这两组儿童的 177 项比较中，半数以上（103 项）没有发现任何差异。[59] 其他研究发现，父母离异的孩子中有 75% 没有受到长期影响，而且离婚对行为问题、学业和幸福感的影响小于性别的影响。[60] 当然，这也意味着整整 25% 的孩子确实遭受了离婚带来的痛苦，甚至是长期痛苦，我们应该非常严肃地看待这个问题。例如，如果父母离婚，那么我们最终离婚的可能性是父母的两倍，而且这会威胁我们的健康。[61]

其实，想要回答"离婚是否会伤害孩子"这个问题，有一个非常重要的前提，即所有研究都必须是相关的，因为我们不可能（也是不道德的）随机安排一些夫妇离婚，让另一些夫妇维持婚姻。这就意味着我们无法排除基因在任何研究结果中所起的作用。离婚具有极高的遗传性，也就是说，决定离婚与否的基因（这些基因似乎与特定的性格有关，比如消极、抑郁）是由父母传给子女的。[62] 所以当我们了解到父母离异的孩子在某些领域表现不佳时，这种影响可能是由于孩子与父母共有的基因，而不是离婚本身造成的影响。

另一个关键问题是，我们是否应该为了孩子而维持一段充满冲突的婚姻。换句话说，孩子是继续和争吵不休、痛苦不堪的父母住在一起，还是承受父母离婚的后果，这两种情况哪个更糟？简单说来就是，如果能够（通过离婚）摆脱父母的争吵、尖叫和选边站的压力，孩子会生活得更好。在一个充满痛苦、争吵或冷漠的家庭里，孩子必然长期处于压力之下，从而变得惊恐万分，小心翼翼，时刻提防。[63] 我的朋友乔西至今记得当年父母打架、互相摔盆摔碗时，她躲在自己房间里的情景。她经常介入父母之间的冲突，跟着大声嚷嚷，试图保护妈妈，一听到父亲开门的声音就感到害怕。今天，她对任何形式的冲突都非常敏感。她的丈夫的嗓门略微一高，她的心跳就会加速。乔西一直在接受治疗，虽然她长大之后的人际关系比较和谐，但也为此付出了极大的代价。

比较一下孩子们在父母冲突不断的家庭中的表现与他们在父母离婚之后的表现，答案一目了然：前者的表现糟糕得多。举个例子，在一项研究中，处于争吵不断的家庭中的孩子的问题相对来说更突出，他们有可能变得焦虑、抑郁，与朋友和同学的关系也比较紧张，父母是否结婚或离婚对他们没有影响。所以，问题的关键是父母之间的冲突，而不是离婚。当然，这一证据也表明，发现离婚对孩子有不利影响的研究，可能只是发现了与离婚有关的不可避免的冲突的影响。值得注意的是，针对健康的研究结果与这些研究结果非常相似。尽管离婚之后，人们会出现更多的健康问题——免疫系统变得脆弱，心脏病和糖尿病，癌症存活率较低，以及身体机能老化问题[64]——但婚姻不幸福的夫妻的健康也会受到同样或更多影响。[65]事实上，我们可能没有意识到，长期的怨恨、争吵使我们的免疫系统开始衰退，身体损伤愈合的速度也开始变慢，冠状动脉钙化水平（心脏病的危险信号）上升。[66]正如一位健康心理学家得出的结论，不幸福的婚姻导致心脏病的风险不亚于经常吸烟带来的危害。[67]

如果你正在考虑离婚，但是担心离婚会影响孩子的心理健康、学习成绩、行为举止，甚至影响孩子成年后的人际关系，那你需要考虑这样一个事实：一个温暖、有爱、和睦的单亲家庭（或者两个）比痛苦的双亲家庭要好。唯一需要注意的是，孩子是否发现了你与配偶之间的严重问题。尽管这似乎难以置信，但我们都知道有些夫妻非常善于隐藏他们的不幸，以致分手对所有人来说都是一枚重磅炸弹，包括他们最亲密的朋友和家人（有时甚至是配偶中的一方）。事实证明，那些不知道父母有问题的孩子，在父母离婚时，遭受的负面影响和长期影响也最大。[68] 这种情况带来一个困难的、也许是无法解决的窘境：当着孩子的面吵架肯定是不明智的，但只有这样，他们才不会对父母最终离婚感到惊讶。在这种情况下，最好的办法也许是让这对夫妇在分居、离婚以及以后的生活中，一直努力为孩子营造一个温馨、健康的环境，并保持友好关系。

小结

如何应对婚姻成败的关键时刻是最难面对和解决的问题之一，你可以选择离开，也可以选择留下来继续好好生活，努力改善同伴侣的关系。我在本章想和大家分享的一个经验是，当你发现一些错误观念可能使你的危机进一步升级时，你要意识到自己的选择余地可能比想象的更大。所以，我在本章提出了几个应对婚姻问题的策略和培育婚姻关系的策略。你越早开始练习这些策略，效果越好——要在刚产生离婚念头之后，而不是第一次分居之后。当然，有时离婚的念头只不过是想想而已，这种幻想能让你发泄愤怒和痛苦，想过之后你还是会选择维护自己的婚姻。但有时，离婚的念头会变成行动。在这种情况下，你越早仔细思考本章提及的研究成果（例如，离婚不会对大多数孩子造成不可弥补的伤害），你就能越早做好准备，并根据理性而非直觉做出决定（不要认为无论多么不幸福，都不能离婚）。

最重要的是，在做任何重要的决定之前，你都需要仔细思考一下：婚姻中的不幸有多少是你造成的，有多少是你的配偶造成的，有多少是婚姻内在的变化造成的，又有多少是你无法控制的因素造成的。虽然这样思考问题可能不会改变你的最终决定，但却可以让你思考改善婚姻或生活的因素。如果大家能够明白关于离婚这一幸福神话的错误所在，认识到即使婚恋关系结束，生活也不会终止，那就可以为做出改变开辟新的道路，寻找新的机会。

第三章

如果有了孩子，我就会幸福

在和一位朋友散步时，她向我坦白了一件事。之前我从未遇见任何人如此直言不讳："我不喜欢做妈妈。"她非常爱自己的儿子，也许胜过一切。为了要孩子，她努力了10年，经过多次生育治疗，最终如愿以偿。对此，她感激不尽。但也许是因为对孩子的渴望如此强烈、如此持久，付出的努力如此艰难、压力如此之大，几年之后，她才意识到自己并不适合养育孩子，因为她不喜欢和一群孩子在一起，觉得自己是迫不得已才在其他父母面前装出一副好妈妈的样子。她不想为了无条件地关爱别人而牺牲自己的一切。她发现，没日没夜的担忧、忙碌和失望并非像她的一些朋友和同事所认为的那样是一种挑战或冒险，而是一种沉重的负担。在此，我必须声明一下，旁观者是不会明白她的真实感受的。她是个好妈妈，这一点她也清楚，但她就是不喜欢。

听到这个故事时，我们可能想到许多问题。我们应该喜欢养育孩子这件事吗？毕竟，即使我们读了大量育儿宝典，也和我们遇到的每一个家长都交流过，但我们当中有多少人能真正想到有了孩子会是什么样子的?世上可能没有任何一件工作能像养育子女那样随着时间的推移而发生如此剧烈的变化,所以我的那个朋友得出这样的结论难道不是为时过早吗?再过几年,等她的儿子上了小学以后,她今天的教育方式将会变得面目全非;而在那之后再过几年,一切又将再次发生变化,以此类推。事实上,有时孩子的发展和亲子关系的发展在几个月内就会发生巨大的变化。最后一个问题:这只是一个与我们大多数人无关的极端例子吗?

孩子是我们最大的快乐源泉,也是我们最大的悲伤源泉,因此,生活中一些最重要的节点出现在我们的家庭生活中也就不足为奇了。在决定是接受我们对于养育子女的感觉,对其感到绝望,还是感觉应当努力与之抗争之前,需要确定我们所处的困境是否非常特殊。人们一直认为有了孩子就会十分幸福,这种期望不仅根植于我们的文化,而且很可能也是在进化过程中形成的。虽然这个关于幸福的神话可能阻止人们放弃繁衍后代,但它也会在生活中的关键节点制造危机。当养育子女不能让我们如自己所期望的那样幸福时,我们不仅会感到紧张、痛苦、沮丧,还会感到羞愧。

生儿育女非我所愿:孩子是否能让人幸福?

你可能发现做父母没有什么乐趣,并且讨厌这个角色带来的大量家务和烦恼。你可能已经厌倦 18 余年来的辛苦工作,对它不再抱有幻想,这其中既包括你之前的育儿经历,也包括未来的养儿育女。这已经够糟糕的了,但是除了这些恼人的感觉之外,你还会觉得自己像个怪物,不适应这种完全以家庭为中心的文化,不敢说出自己对养儿育女的真实感受，因为这可能会让你遭到他人的蔑视和排斥。令人惊讶的是，可能由于这些感觉难以启齿，所以几乎没有人意识到它们非常普遍。针对100多项研究的分析表明，在对孩子出生前后的夫妻进行的跟踪调查显示，这些夫妇的婚姻满意度似乎无一例外地呈下降趋势。[1] 调查还显示，尽管许多父母对自己的角色感到高兴、自豪，但如果你是女性、年轻、未婚、没有工作，并且，如果你的孩子很小，或者还处于青春期，或者是非婚生的，或者调皮捣蛋，那么当父母可能会让你更不快乐，让你对自己的生活和伴侣（如果你有伴侣）更不满意。[2]

要孩子花钱较多，并且要孩子的过程会把人搞得筋疲力尽、压力重重、情绪低落。令人惊奇的是，我们似乎无法准确预见养育孩子的困难，直到我们把婴儿带回家的那一天。然而，在那一天之后，当婴儿的父母被问及他们在带第一个孩子回家之前和之后有多高兴时，没有任何人会对听到"回家后的幸福感明显低于回家前"感到惊讶。[3] 并且，在最后一个孩子长大离开家后，夫妻之间的满意度会飙升。[4] 一些研究对来自各个年龄段和不同生活环境的有孩子的父母和没孩子的夫妻的幸福指数与婚姻满意程度进行了直接比较，尽管情况比较复杂，但研究发现，为人父母的夫妻的幸福程度更低一些。[5] 例如，在一项经常被引用的研究中，得克萨斯州的职业母亲报告说，她们每天体验到的积极情绪较少，而消极情绪较多。当被问及前一天每小时的感受时，她们认为照顾孩子只比上下班和做家务稍微快乐一点。[6]

显然，如果抚养孩子经常让你暴躁、易怒、上火、疲惫或抑郁成疾，那你并不是唯一有这些感受的人，你并不是唯一在孩子出生后感觉世界变小的人,你必须和冒险活动、本能的亲热举动和心血来潮的冲动说再见。你不是唯一婚姻可能遭受重创的人——至少在孩子不满6岁或超过12岁的时候[7]——生活中的琐事或烦恼可能会被放大,成为离婚的导火索。研究表明,夫妻之间发生冲突的两个最重要的原因是家庭财务问题和孩子问题。然而,压力和睡眠不足本身就有可能导致各种冲突。[8]正如一个刚当爸爸不久的人所说的那句糙话:"(孩子)是巨大的快乐源泉,但这些小王八蛋把所有快乐源泉都变成了狗屎。"[9]

我希望,在了解了很多父母有时也会像我们一样痛苦之后,我们能感觉好一些,不再觉得自己像个弃儿,能够减轻一些内疚。爱孩子不等于爱养育孩子。尽管如此,如果我们能把注意力集中在孩子带给我们的东西上,不受"你感到幸福吗"这个问题影响,那我们可能会从中受益。即使那些讨厌养育孩子的父母,也会有一些重要、快乐甚至愉悦的时刻,能让生活过得更精彩,比如,当孩子出生时,当久别重逢、孩子扎进我们的怀里时,当孩子第一次开口说话时,当孩子在学校第一次参加戏剧表演时,当一想到孩子就能抚慰我们因工作挫折而受伤的心灵时,或者当孩子以优异成绩毕业时。在最近的一项研究中,我和我的同事发现,父母与孩子在一起时比他们做其他事时更有意义。[10]人生在世就要充分利用我们的能力,经历不同的人生体验,不断成长和认识自己,与他人建立联系,实现文化规定的目标,体验各种各样的情绪(从极度兴奋到极度低迷),实现与众不同的自我,书写我们自己的人生故事,留下一笔超越我们生命的遗产。[11]孩子可以让我们做到这一切,甚至更多。

当然，大多数时候，我们并没有考虑这些无与伦比的好处，没有花时间品味孩子带给我们的难忘而重要的时刻。相反，我们沉溺于日常的杂务和琐事，尤其是我们面对的各种大事小情。有一句关于犹太母亲的谚语，这句谚语实际上适用于所有母亲和父亲："犹太母亲永远不会比她最不快乐的孩子更快乐。"心理学家已经充分证明，坏事的影响总是比好事的影响更强烈，所以一个孩子的悲伤可以轻松淹没另一个孩子的快乐。[12] 因此，妨碍为人父母者幸福感的阻碍非常之大，尤其是对那些时时刻刻都在经历考验的父母来说更是如此，所以那些承认自己经常不喜欢做父母的人是十分理智的。

尽管所有证据表明，我们中那些不喜欢为人父母者并非只是缺乏责任感或比较偏执，但当被私下问及他们人生中最大的遗憾时，几乎没有人会说自己后悔做了父母。事实上，94%的人认为，尽管付出了沉重的代价，但为人父母还是值得的。[13] 多年之后，那些让人头疼的半夜喂奶经历、那些与伤心欲绝的孩子紧紧拥抱的痛苦时刻，以及对夜晚不得出门的规定的漠然置之，都变成了珍贵、怀旧的回忆，给人以满足和愉悦。然而，没有孩子或没有更多孩子的遗憾是相当普遍的。[14] 当我们再次被请到校长助理办公室时，我们必须忍受这两种感受，并且肯定会觉得我们再也不想多当一天家长了。

日常的烦恼比重大的创伤更让人不开心

养育子女确实是一件耗时数十年的苦差事，但我们可以采取许多行动，让糟糕的时刻变得更容易忍受、更有利。一个有点儿违反直觉的策略是花时间把你在养育孩子的过程中遇到的主要困难和次要困难区分开，甚至可以把它们并排列成两栏，分为"大问题"和"小问题"。

最近，有个家庭向我详细描述了他们的问题。萨拉和詹姆斯的小儿子患有轻微的阿斯伯格综合征（表现为社交障碍），另外还患有注意力缺失症。他在学校的一些科目成绩非常好，而在另一些科目上却很吃力。他有一个关系很好的朋友，但很少与其他同龄人交流。简而言之，他被诊断出的问题几乎每天都会出现。他的父母说："情况并不严重，在很多时候他表现得很好，甚至很优秀。"但也有一些夜晚，他们会非常生气，为如何处理他最近出现的问题以及下一步应该怎么做而争吵不休。他们的大儿子的心理似乎比较正常，但他更愿意和朋友们一起玩耍，不愿意学习，这就意味着他们每晚都要为家庭作业吵架。因此，这个家庭列出的"大问题"包括他们小儿子的心理健康，"小问题"包括他们大儿子的"家庭作业之战"。在"小问题"的清单上，他们还列出了每天遇到的各种麻烦、压力和伤害。例如，在最近的一个星期，萨拉为她的小儿子约了一个小朋友一起玩耍，但对方却随便找了一个借口拒绝了。萨拉认定那个小朋友的妈妈就是不想让她的孩子跟自己的儿子交往。紧接着，他们家的烘干机坏了，出了一个小故障，结果却造成了大量的麻烦和不便，这让人意想不到。这还不算完，他们的大儿子找不到生日那天刚买的新手机了，结果他们花了好几个小时苦苦寻找。

这两份清单中哪一份能让这个家庭和我们的家庭更痛苦、更不快乐呢？尽管大多数人都会觉得"大问题"栏里列出的事情会带来更大、更持久的痛苦，但研究显示事实并非如此。恰恰相反，我们每天所经历的与孩子有关的坏事和好事，对我们幸福指数的影响要大于生活中重大事件的影响。[15]那种认为烦恼比灾难更糟糕的反直觉想法没有什么意义，除非我们能弄清楚其中的原因。

几年前，我在单身的时候，在同一天遇到了两件倒霉事。首先，航空公司通知我，工作人员出现失误，把我在很久以前就预订的国际航班靠窗的座位（当时只剩下最后一个）卖给了另外一个乘客。其次，当天晚些时候，我的车在高速公路事故中被撞了（追尾）。这次事故责任不在我，我可以一走了之，但当时我出奇冷静——打电话求助，联系保险公司，计划第二天租车，等等。我似乎本能地知道当时情况紧急，需要保持冷静，理性地思考问题，并尽我所能处理问题。然而，在接到航空公司工作人员的通知后，我的反应刚好相反，因为我觉得他们的错误是不可原谅的。几天后，当我开着那辆临时租来的车时，还在为这件事生气。

研究人员认为，在经历严重的负面事件（车祸、下岗、孩子辍学）时，我们会以最快的速度积极行动起来应对，以度过危机。我们会从朋友那里寻求情感上的安慰，从雇主那里寻求建议和职业培训，从咨询师和医生那里寻求建议，从图书和网站上寻找信息。此外，我们还会做很多所谓的认知工作来接受发生的事情，可能会煞费苦心地理顺、理解或看待车祸或下岗的有利一面。车祸发生后几分钟，我与自己最好的朋友交流调侃了一下，并说服自己"这是一件好事"，因为现在我可以用保险金购买我一直想要的敞篷车了。相比之下，我们不会以同样的方法对付那些小问题带来的失望和烦恼。例如，我没有试图说服自己认为航空公司的工作人员（毫无疑问是一个在异国他乡薪水很低的员工）因为那一天过得很不顺心,所以犯了一个可以理解的错误。我也没有向别人寻求处理这种情况的建议或信息,因为我认为那样做太过分了。

我们一般不会为一些小问题寻求社会支持,部分原因在于我们认为别人不会像我们一样在乎这些问题（如果我们对不可挽回的失误一直纠结于心、念念不忘,那么即使是与我们关系最亲密的人,也会对此熟视无睹）。研究表明,把小创伤告诉别人会让好心人在支持我们时对这些小问题轻描淡写（比如,"太糟糕了,查理在飞机上发火了,但这次旅行可能更糟糕"）,并暗示我们不应该小题大做,而这会让我们感觉更糟。[16]

总而言之,因为严重的问题会促使我们努力应对,并积极地重新评估我们的处境,同时也会从他人那里获得强烈的情感支持（面对不那么严重的问题就不会这样）,因此,看似矛盾的是,我们因为小事而遭受痛苦和不幸的时间往往比大事更长。[17] 的确,也许正是因为我们把这些小事称为"小"[18],所以它们造成的伤害才如此精准。然而,大多数人根本没有意识到这一点。例如,一系列研究表明,人们原以为与那些对他们造成轻微伤害的人相比,人们更不喜欢那些对他们造成持久、更多伤害的人,事实恰恰相反。[19] 因此,我们无法集中精力处理日常生活中遇到的烦恼,尤其是在养育子女方面。

我们再思考一下与孩子有关的"小问题"那一栏里面的事情,其中可能包括因为女儿玩电脑而大发雷霆,昨晚因为孩子把衣服扔得满地都是而大吵大闹,今天早上因为宝宝的耳痛而担心焦虑,或者因为一大早你们夫妻都要到单位开会,无人照看儿子而发愁。一定要想方设法解决这些看似微不足道的问题，可以寻求帮助、与家人商量、更合理地重新安排日程，也可以抽出时间放松身心、恢复精神或者仔细思考。如果我们决心把注意力集中在与养育子女有关的小事情上，那我们就会更快地从这些小问题中恢复过来，变得更幸福，并且能够精神抖擞地迎接崭新的一天。

通过写作找到平衡和情感意义

你自然明白绝不能忽视与孩子有关的"大问题"那一栏，但这并不意味着问题容易解决。你的孩子可能交友不慎，或者染上了不良嗜好；你上中学的孩子可能被人欺负了，你的学龄前孩子可能被诊断患有某种慢性疾病，你蹒跚学步的孩子可能没有达到应有的发育水平。有些父母心甘情愿每天辛苦地养育孩子，一旦出现严重问题，他们就会乱了方寸。

此外，作为父母，你面临的考验可能不是来自某个特定的孩子，而是来自你如何经营整个家庭。你需要在你和配偶之间、在养育子女和工作之间保持平衡，这种持续不断的斗争几乎已经变成一种老生常谈。尽管许多家长能够沉着应对，但也有一些家长疲于应付，觉得这是一种沉重的负担。

从把刚出生的宝宝带回家的第一天起，你就会发现自己和伴侣之间必须进行数十次甚至数百次谈判，讨论如何分工合作，如何照顾孩子和维持家庭。比如，下一次谁去换尿布，谁去刷碗，谁半夜起床喂奶，谁决定午睡时间，谁下个星期带孩子去看医生，谁在 4 月提交纳税申报单。此外，就在你和伴侣已经就劳动分工问题基本达成一致时，孩子（自然而然地）长大了，或者另一个孩子出生了，此时一切又都改变了，多轮谈判（或者更糟糕的是，无休止的争斗）再次上演：谁开车送孩子们上学、参加活动、交朋友、看病，谁决定野营、上学和就医，谁填写大量报名表、健康表和学业表，谁管教孩子，谁负责看护孩子，谁辅导孩子做功课，谁讨论大学申请或者研究体育运动项目。类似的家务和义务清单无穷无尽，必须有人担负这些工作。

与家务纠纷比起来，家庭和工作之间的平衡可以说更难处理，因为没有灵丹妙药能解决这个几乎普遍存在的问题。大多数父母——即使那些有人帮忙、工作时间灵活的父母——都认为，一天中没有足够的时间能让自己既做一个称职的父母，又做一名优秀的员工（更不用说做什么称职的妻子、女儿、朋友等）。在2008年的一项调查中，超过一半的职业父母表示很难处理好工作和家庭责任之间的关系。[20]

平衡工作和养育子女之间的多重责任非常困难，压力重重，因为不同角色的需求会分散你的注意力、时间和精力，并让这种压力被迫从一个领域蔓延到另一个领域。比如，如果工作压力很大，那么父亲们往往很少在家，而母亲们则表现得不够温柔，对孩子的反应也不那么积极。[21]反过来，孩子的问题会干扰父母工作，让他们疲于应付，难以集中精力工作。此外，想要时刻关注家庭和工作事务，想要从情感上对家庭和工作认真负责，就需要从精神上全力以赴（例如，从托儿所接孩子时表现得十分高兴，或者聆听上司的反馈时表现得聚精会神，尽管这是你最不想做的事），而这会导致负担过重，压力过大，最终导致萎靡不振。

在各种压力转化为绝望和沮丧之前，一定要学会能帮你找到合适平衡点的方法，适应目前的情况，或者充分利用它。其中一个最有效的方法是利用写作或日记找到你在养育子女斗争中的情感意义。得克萨斯大学奥斯汀分校的心理学教授杰米·彭尼贝克发现，将我们内心深处对困难和痛苦的感受写出来（他称之为"情感表露"或"表达性写作"），可以促进身心健康。[22] 到目前为止，他和其他研究人员已经完成 100 多项研究，用以证明这一发现。模仿他们使用的方法非常简单：找一个空白的笔记本或日记本，开始将你作为父母经历的最困难、最痛苦的内心想法和感受写出来，至少连续写三到五天，最好时间能更长一些。

研究人员对实验参与者进行了比较——一部分参与者经常描写他们的痛苦，而控制组的参与者只描写一些无关痛痒的肤浅主题（比如，卧室的布局或者详细描述他们的鞋子）——得出的结论是一致的："善于表达情感"的父母更幸福，对他们的生活更满意，出现抑郁的概率更低。并且，几天或几周后的跟踪调查发现，善于表达情感的父母在接下来的几个月里去看医生的次数会减少，表现出更强的免疫功能，在学习或工作中表现更好，更不容易失业，失业后更容易找到工作。[23]

总而言之，情感表达写作具有明显的快乐、生理和认知方面的益处，这些益处可能减轻养育子女的持续压力、家庭创伤造成的痛苦，并且能够平衡个人需求和对伴侣、子女及工作的责任之间的关系。当试图处理痛苦或矛盾的想法和感受时，记录我们养育子女的体验是我们可以利用的最有效的方法之一。

起初，彭尼贝克认为，这种方法成功的秘密是它能够让那些一直压抑自己情感的人得到精神宣泄或释放。例如，我们可能一直对加班感到内疚，对妻子从不欣赏我们的劳动感到愤怒，或者对如何应对公务出差过于紧张。事实上，这种方法成功的秘密并不一定在于表达这些情感，而在于将这些情感以文字的形式记录下来。写下我们家庭的烦恼和麻烦能帮助我们接受并理解这些问题。用文字把我们的情绪波动记录下来能帮助我们理解、适应并克服它们，最终让我们做好准备，与关系密切之人分享这些情绪波动，所以语言至关重要。把强烈的情感和印象转换成连贯的文字表述能够改变我们对不幸或痛苦的认识，能够将其融入我们的人生经历。一个熟人曾经告诉我，把痛苦的体验写下来可以减轻痛苦。当我们的创伤和困难缩小后，它们就可以更快更有效地被储存或淡化。如果我们养成了用日记记录情感变化的习惯——连轻微的创伤和烦恼都写入日记——那么等将来在养育子女的过程中不可避免地出现巨大情绪波动时，这种做法就会带来好处。这个方法还有一个好处，多年后重读日记，我们肯定会有意外收获，能够理解当时的心情，发现其中的幽默之处，并感到豁然开朗。

从全局的角度思考问题

有了孩子之后——无论是婴幼儿、学龄前儿童、十一二岁的少年，还是再大一点的青年——生活就会变得一团糟，需要我们不断付出时间、精力和金钱，经常面对一波又一波的烦恼、尴尬、遗憾和愤怒，而且一想到要为这一切买单就会感到恐慌。这种感觉深深困扰着我们中的一些人，他们不仅被束缚在当前的生活中，而且也看不到未来的希望，因而变得痛苦万分、愤世嫉俗，或者更糟的是，他们会变得麻木不仁、冷漠抑郁。此时此刻,从全局的角度思考问题是大有裨益的——我们当初为什么选择要孩子,随着时间的推移我们的育儿体验将如何变化和改善,我们希望为社会和后人做出什么贡献。如此广阔的角度能促使我们提出意义重大的问题——生活的目的是什么,我们在这里做什么。

在人生的不同阶段,我们也可以从更个人化的角度考虑我们的头等大事和主要关注点。也许每天日出前醒来和孩子在一起是你现在需要做的事情,督促他提高成绩是你10年后需要做事情,打电话叫孩子提供情感支持是你20年后需要做(和想要做)的事情。尤其是上了年纪之后,如果父母与成年子女的关系较好,那就会受益匪浅,并且会觉得有孙子孙女是他们一生中最美好的体验。[24] 尽管人们现在生孩子的年龄比以往任何时候都晚,而且孩子们待在家里的时间更长,但人类寿命的大幅增长意味着家庭空巢之后父母与成年子女一起生活的时间达到前所未有的年限——对母亲来说,平均长达30.5年,对父亲来说平均22年。[25] 在有关他们一生中积累的智慧的采访中,老年人强调了始终重视与子女关系的重要性。归纳起来,他们认为:"在孩子5岁、10岁或15岁时,你的言行关乎能否创造一种持久关爱的关系,会对孩子成年之后以及你中年之后直至老年之后的生活产生长期影响,因为相信我,随着年纪越来越大,你会希望孩子能陪伴左右……70岁以后,你的子女会让你觉得自己后继有人、不虚此生、老有所依,并最终会让你觉得自己就是人生赢家。"[26] 总而言之,你只有经年累月地付出艰苦的努力,才能让今天所经受的痛苦得到回报,这种回报是弥足珍贵的。

现在该怎么办呢？我知道，等我上了年纪之后，子女来照顾我会让我很高兴，但这并不能真正减轻学龄前儿童无理取闹或青少年蛮横叛逆带来的打击。从全局的角度看待养育子女的问题比较困难，需要付出真正的努力。这就像在受到冷落后选择原谅对方，或者在失望后选择积极向上一样，都是具有挑战性的。人类通常目光狭隘，只局限于眼前的一亩三分地。我们发现，人们很容易接受眼前的满足感，而不会为了有意义的追求而延迟享受这种满足感。心理学家称后者这种能力为"自我调节"（或"自我控制"）。毫无疑问，自我调节失败是许多社会弊病的根源。但是，如果你能设法让自己在讨厌工作的日子里去工作，或者在没有任何回报的情况下用牙线剔牙，那么你就能从长远的角度考虑问题，设法承担养育子女的艰巨任务。

在访问北卡罗来纳州的一所商学院时，那里的一位教授约翰·林奇给我讲了一个发人深省的故事，故事是关于一位中学自然课老师给学生上课时发生的情况。这位老师在开始讲课时拿出一个很大的空玻璃花瓶，瓶口很宽，然后往花瓶里面装大石块儿。"花瓶满了吗？"他问孩子们。孩子们说满了。于是他离开教室，拿回来一把小石子，放进花瓶，小石子填补了大石块儿之间的空隙。他又问孩子们："花瓶满了吗？"现在孩子们明白了老师的用意，因此回答说没满。"那怎样才能把它装满呢？"孩子们建议使用更小的石子。于是这位自然课老师又离开教室，拿回了一些沙子，将其装进花瓶，这样一来所有剩下的能看得见的洞和缝隙都被沙子填满了。他又问孩子们："刚才的演示让我们明白了什么道理？"有的孩子回答说这个演示告诉人们不要过早下结论，也有的孩子回答说刚才的演示告诉人们解决问题的方法有很多。这位老师总结说："你们的回答都不准确。刚才的演示告诉我们，首先要把大石块儿放进去。"

这位自然课老师所传递的核心信息是，首先要努力完成生活中具有重大意义的项目和目标——为社会做贡献，经营好自己的婚姻或抚养好自己的孩子——即使这可能挤占眼前那些能令人满意的"小"计划的时间。从今天开始，弄清你生活中的"大石块儿"是什么，"小石子"是什么，少量的"沙子"又是什么，然后让自己投身于那些具有重大意义的"大石块儿"。

忙里偷闲

养儿育女的任务紧张繁重，我们很难置身事外重新考虑生活中的头等大事和其他情况。如果我们没有时间思考这些问题，那就可能发现不了日常生活中可行的替代方案。其中一种情况就是在养育子女的过程中忙里偷闲。

在过去的 20 年里，家庭生活发生了翻天覆地的变化，其中一个转变就是需要我们花更多时间——更多有质量的时间和孩子们一起度过。[27] 举例来说，即使是全职工作的妈妈每周陪伴孩子的时间也只比全职妈妈少 10 个小时 [28]，并且她们都面临巨大的压力，为了养育子女身心交瘁，带着孩子东奔西跑参加各种特长班 [29]，结果导致她们长期处于焦虑之中，出现了一切以胜出为目的的教育方式，一味追求完美，从而使得许多人觉得无论自己在育儿方面付出多少辛苦努力，都远远达不到目标。

这种以孩子为中心的生活压力使得人们几乎无法想象能在育儿过

程中抽出时间忙里偷闲。假如我们会因为带着从商店买来的纸杯蛋糕去参加幼儿园的募捐活动而感到内疚，那么如果几个下午、连续几天甚至几周不能陪伴自己的孩子，我们又会有什么感受呢？不过话又说回来，从历史上来看，抚养孩子一直是一项集体义务。[30] 当初，我们的祖先在较大的村庄、氏族或部落中抚养年幼的孩子，这使得许多家庭成员和邻居可以分担照看孩子的责任。在一些文化和亚文化中，这种做法一直延续到今天。就连我自己的父母，当初在那个古老的国家，从我两岁开始，就把我和我弟弟送到爷爷奶奶那里待上整个夏天。并且，我的爷爷奶奶住在苏联的克什特姆省，距离我父母1 500公里，那里是世界上第三大核灾难的发生地。当时那场核灾难刚刚过去10年，导致数千人因辐射中毒死亡。[31] 我从来没有想过要对我自己的孩子做这样的事情（尽管我的父母——现在他们已经升级为姥姥姥爷——一直恳求我们每年夏天把他们的外孙子外孙女送过去），但这其中肯定还有其他选择。

如果我们在育儿过程中感到心力交瘁、情绪低落甚至抑郁痛苦，那我们就根本无法成为优秀的父母。此时，如果能从日常琐事中忙里偷闲、休息一下，我们就能够满血复活，恢复活力，重新振作起来，开始关注生活中的那些"大石块儿"。怎样在养育子女的过程中忙里偷闲呢？当我们想（独自一人、与伴侣或最好的朋友）离开一段时间时，可以请某个家人替我们照顾孩子。过去，我和丈夫每年都会抽出一个周末，到附近一家我俩从未去过的高档酒店度假。开车从家里到酒店不到半小时，但感觉却像是去往天涯海角。想要忙里偷闲休息一下，也可以每周请朋友或者雇人照看孩子几个小时，这样我们就可以放松下来，什么都不做。当然，我们也可以让孩子们参加露营活动，或让孩子们同他们的好朋友一起度假。这样的机会有很多。我们对孩子的思念可能比我们预想的要少得多，或者我们会非常心疼他们，从而彻底改变我们对为人父母、对家庭与工作孰轻孰重的态度。

小结

如果你认同"没有孩子就一定不会幸福"这个神话，那么当你知道自己不喜欢养育子女，或者养育子女比你想象的更痛苦、更糟糕时，那你的生活就会突然陷入危机。在这种情况下，我敢打赌，当你意识到自己不喜欢做父母时，脑海中浮现的第一个想法就是"我一定是个坏人"。问题是，这第一个想法不仅不利于你的幸福和你的育儿质量，而且它显然是错误的。我们的研究表明，这种感觉非常普遍，而且孩子带给我们的快乐并不像我们想象的那样。如果能理解这一点，那我们就不会觉得自己与众人格格不入。我们要从养育子女的大局出发，思考哪些情况对幸福的影响最大，通过写日记维持平衡，学会在养育孩子的过程中忙里偷闲，这些会让你坚定信心，顺利度过抚养孩子的艰苦期，尽情享受天伦之乐。归根结底，"对这个世界来说，你可能只是一个人，但对某个人来说，你可能就是整个世界"。[32]

第四章

如果没有伴侣，我就不会幸福

我曾收到一位女士的来信，她一直在尝试各种方法，想要提升自己的幸福指数。

（这些方法）对我生活的几乎每一个方面都有极大的帮助，让我觉得更容易感受到幸福。但一想到没有伴侣，我的情绪就非常低落。我可以在感恩中度过一天，表达善意和关爱，但每当看到幸福的情侣时，我的情绪就会低落，态度就会改变。我内心深处会感到十分沮丧和孤独，尽管我会强颜欢笑，看着一对对夫妇在我面前秀恩爱。尽管我很感激自己拥有的一切，但我还是十分难过，因为没有人可以和我分享爱情。我怎样才能找到一种方法，让自己摆脱对爱情的伤感和无助呢？[1]

从这位女士的经历可以看出，单身的痛苦是很剧烈的。如果孤独终老的想法每天都萦绕心头挥之不去，那么你就面临几条不同的行动路线，或者干脆听之任之。在决定哪条路线会让你最幸福、最充实之前，你需要弄清楚单身的意义和含义，以及你为什么会有这种感觉。

单身等于悲伤吗？

在美国，大多数人最终都会结婚或步入长期的婚恋关系。[2] 如果你是少数几个没有这样做的人之一，那你可能会长期承受各种各样不良情绪的影响，你会感到失望、孤独、被排斥和愤怒，甚至可能遭到雇主、税务部门和政治党派的歧视、世人的非议、研究人员的忽视以及新婚朋友的冷落。[3] 如果你一直渴望能有一个童话般的婚礼，或者渴望每天晚上能和爱人一起煎炒烹炸做晚饭，那么单身生活无疑是非常痛苦的。然而，明智的做法是，审视一下你的浪漫幻想在多大程度上是由社会规范（它规定了我们所有人在每个人生阶段都应该完成的任务）激发的，在多大程度上是由你的父母、亲戚和已婚朋友激发的。这种幻想包含一种假设，即只有找到伴侣或配偶，才能找到真正的幸福。在你决定如何看待这一问题或如何行动之前，一定要仔细审视这一幸福神话的真正价值。

许多媒体和学术界人士的注意力都集中在这样一个观点上，即最幸福的人是那些已婚人士。虽然从严格意义上说这是正确的，但研究人员认为，结婚只是让人们觉得他们对自己的总体生活感到更幸福（部分原因是"你总体上感到幸福吗"这个问题可能迫使他们把结婚看作更幸福的一个象征），但并不一定能让人们每时每刻都体验更多的幸福。[4] 例如，一项研究（该研究跟踪调查了已婚女性一天中每个小时的忙碌情况）发现，婚姻给女性既带来了好处，也让她们付出了代价，而这些好处和代价会相互抵消。已婚妇女孤独的时间比未婚同龄人少，做爱的时间多，但她们与朋友在一起的时间、读书或看电视的时间也更少，花在做家务、做饭、照顾孩子上的时间更多（值得注意的是，几乎所有关于婚姻的研究结果都适用于长期稳定的恋爱关系）。

此外，尽管已婚人士确实觉得他们对自己的生活总体上比未婚人士更满意，但事实证明，这种差异只有在已婚人士与离异人士、分居人士和丧偶人士之间比较时才最为明显，而一直单身的人过得非常好。[5] 这些数据也与我之前介绍的一项研究——跟踪调查了 1 761 名单身人士，这些人结婚后婚姻持续了 15 年——一致。该研究发现，新婚夫妇从婚姻中获得的幸福感平均持续两年左右。结婚两年之后，他们又回到了起点，至少在幸福指数方面是这样的。[6] 一直单身的人体验不到自己的幸福指数有所升高，但他们的幸福指数也不会降低。

单身与健康的关系也是如此。举个例子，尽管从未离婚的已婚人士比那些离婚的人更健康、更长寿，但一直单身的人与那些不曾离婚的人一样健康、长寿。[7] 这令人惊讶，因为婚姻、爱情和亲密关系似乎是我们许多人幸福、身份和价值的源泉。有人甚至认为，我们的文化是一种"聚核"（intensive nuclearity）文化，以至于单身人士被认为错过了生命中大多数美妙的体验，因而他们就像那个匿名给我写信的女人一样，肯定会感觉更孤独、更悲伤、更压抑，甚至更不成熟。[8] 事实并非如此。

一生单身的人肯定不会感到压抑，因为他们可以从生活中的其他渠道——朋友、兄弟姐妹、其他家庭成员、社区、职业或对伟大事业的奉献——获得价值和生活意义。总之，他们似乎听从了那个大家耳熟能详的建议——不要把所有鸡蛋放在一个篮子里。有着不同身份的单身女性,如股票经纪人、姐妹、朋友、自行车手和园艺爱好者,不会指望婚姻带来的好处,也不太可能在出现问题时丧失自信、能力和生活乐趣。不管她们选择什么,或者生活中缺少什么,她们总会找到擅长的领域,并且会以此为乐,无论是激烈的铁人三项比赛、与最好的朋友吃一顿丰盛的午餐、工作上的成功演讲,还是对兄弟姐妹的恶作剧。

然而,最值得注意的一点是,单身人士确实能够拥有有益、持久且重要的关系。相对于已婚(或结过婚)的同龄人,他们往往与自己的兄弟姐妹、表亲堂亲、子侄外甥的关系更亲密。随着年龄的增长,他们会继续发展新的友谊,和朋友保持更密切的联系。事实上,研究人员指出,单身人士的亲密伙伴是他们自己选择的,而婚姻中的亲密伙伴常常是别人为他们选择的(例如,他们孩子的朋友的父母、姻亲、配偶的朋友等)。值得注意的是,那些一直单身的年长女性通常会有十几个重要、有意义的朋友,为此她们已经维持了几十年。[9]各位已婚的读者,尤其是为人父母的已婚读者,你能说自己也是如此吗?

没有一个人——甚至包括我们生命中的挚爱——能够在任何时候、任何情况下都是我们的一切。有时在面对个人危机时,我们渴望得到情感上的支持;有时我们需要高手指点迷津,帮助我们了解最新的政局发展;有时我们需要技术方面或财务方面的建议;有时我们需要热情的鼓励;有时我们迫切希望有人能帮助我们突破常规。我们中那些大部分时间依赖伴侣,却无法自己满足所有这些需求的人会处于不利地位，而朋友众多的单身人士，却可以在半夜里求助于那些他们交往了几十年的朋友，至少可以在遇到紧急情况、麻烦、压力和成功时从中受益，甚至得到更大的帮助。

简而言之，大量的研究表明，稳固、亲密、充实的人际关系能让我们感到幸福[10]，然而，其中极为重要的关系并不一定是性关系或伴侣关系。

成为最好的"单身狗"

如果我们强烈地感觉到没有伴侣就不会幸福，那么可以采取下面几种办法。一是尽我们最大的努力让自己摆脱单身生活，尽可能多地与人见面、约会。有时候机缘巧合，某个人就可能变成我们的"那个他（她）"。虽然在此我不讨论这一办法，但许多这方面的至理名言、文章和图书可以帮助我们实现这个目标。我们在此要讨论的另一种办法是，确定即使没有伴侣，我们也一定能幸福，让自己放弃"脱单"的目标，为自己打造充实丰富的单身生活。当然，我们可以为未来的恋情敞开大门，但同时不要让它成为我们生活的首要目标。如此一来，我们可以尽最大的努力成为我们能够成为的最快乐、最乐观、最全面和最成功的人，并且坚信我们即将成为的这个全新的自我可能会为我们吸引最理想的伴侣。

下面我开始讨论第三种办法——一个积极、快乐、乐观的人不仅会充分享受目前的单身生活，而且更有可能找到生活伴侣。事实上，积极乐观的人比消极悲观的人更有魅力、更聪明、更热情、品行更端正、更善于社交，因而他们更有可能找到伴侣，建立持久、充实的伴侣关系。[11] 例如，在我最喜欢的一项研究中，在大学时代的照片中看起来积极乐观的女生（年龄为 20 岁或 21 岁），在 27 岁之前结婚的可能性相对较高，而在 43 岁时仍然单身的可能性较低。[12]

怎样才能成为真正积极向上、乐观开朗的人呢？我们可以从科学文献中找到一些建议。首先，我们必须思考一下像乐观这样的品质是如何被定义的，因为我们中的一些人可能对它有错误的认识。许多人对乐观主义的描述可以追溯到 1759 年伏尔泰给出的定义：当事情进展不顺时，依然坚信一切会好起来。[13] 事实上，许多研究人员像我一样，都选择了一个更为狭义的定义，即我们希望"一切不会变得太糟"。[14] 当我们感到孤独和孤单的时候，想要打造最好的自己就需要这样"一点点乐观主义精神"，至少在开始的时候要抱有这样的期望：我们一定会熬过这一天；也许我们不能完成自己想做的所有事情，但我们会完成其中的一些事情；虽然我们无法总能得到自己想要的，但我们会得到自己需要的；我们要相信生活，不能被生活击垮；即使事情进展不顺，最终也会好起来。

无论我们的乐观程度是高还是低，我们中的许多人都会动摇对未来的期望。幸运的是，许多经过研究检验的活动已经被证明能够促进积极的思维，其中最有效的方法是坚持写日记，每天写 10～20 分钟，记录下我们对未来的希望和梦想（例如，"10 年后，我将买房结婚"），想象一定会梦想成真，并描述一下如何能够实现这些梦想以及我们的感受。这种做法哪怕只进行短短的两分钟，也能让人感到更快乐，甚至更健康。[15] 此外，当遇到一些测试信心的小问题时，锻炼一下乐观精神也是一个不错的主意（比如，"我应该坐在正在读我最喜欢的小说的那个人旁边吗"）。这样一来，当遇到重大问题时，我们就会做好更充分的准备（比如，"我准备好恋爱了吗"）。

但是，假如我们寻找伴侣的目标和梦想非常困难、极具难度甚至不切实际，那该怎么办呢？假如我们的期望过高，那又该怎么办呢？即使最成功、坚定的乐观主义者，也会遇到影响他们积极期望的障碍。研究表明，乐观的思维有助于我们克服障碍和逆境，勇往直前。[16] 通过培养乐观精神，我们会变得更加自信、更有动力、更加积极地投身于我们的目标，会采取更加积极主动的步骤实现这些目标，我们会变得更加坚定、执着和专注。换句话说，我们的表现能够吸引合适的伴侣，增加成功的概率。

然而，毫无疑问，有时我们的乐观精神禁不起残酷现实的考验，因而会被消极想法和结论左右。在这种情况下，我们可以尝试一种有效的方法，以便克服消极思维，即设法有意识地从更积极的方面重新理解我们的处境。例如，我们可以写下如下内容：（1）我们目前的问题或障碍（比如一些胡思乱想，"我永远也实现不了梦想，找不到真爱"）；（2）我们最初对问题的理解（比如，"我搞砸了自己的所有关系"）；（3）我们从积极角度重新理解问题（比如，"在过去的 5 年中我已经成熟了很多，现在比以前看人更准了"）。

当然，有时我们对某个目标超出我们能力范围的悲观判断是完全准确的。当那个匿名女士在给我的信中提及"没有人可以和我分享爱情"时，她的结论可能是悲观的，但并非毫无根据或道理。在这种情况下，乐观主义者比悲观主义者更有可能放弃不切实际的目标（例如，一个 39 岁的人决心在 40 岁之前结婚、怀孕），并且同时，能从最乐观的角度看待现实。[17]从本质上来说，培养乐观主义精神可以让我们更灵活，能够从宏观角度实事求是地判断我们的目标和梦想，放弃那些高不可攀的目标，认识到我们从面临的挑战中成长了多少、学到了多少，并继续追求新的、有意义的目标。

学会更加积极乐观意味着在困难中寻找机会[18]，把人生看成充满机遇和奇迹的世界。如果我们认为自己会孤独终老，这个观点可能是对的，也可能是错的，但除非我们不断努力，保持积极的态度，并不断尝试，否则我们不会知道这个观点正确与否。

改变目标：寻找其他幸福关系

虽然我们中的一些人会继续寻找自己的真命天子或真命天女，但其他人可能会选择把自己从这种追求中彻底解放出来。这样做的原因可能比较复杂，要想了解个中原委，我们可能需要研究一下自己当前单身的原因。如果我们有破坏婚恋关系的习惯——因为有人给我们树立了不好的榜样，缺乏婚恋关系经验，或者害怕接下来的步骤（亲昵、承诺、妥协）或潜在的隐患（不忠、拒绝、伤害）——那我们可以考虑从朋友和自助图书中寻求专业治疗或指导。或者在进行了成本效益分析，并考虑了目前的情况之后，我们认为没有伴侣，我们会生活得更好，而找到一个符合我们性格和生活方式的伴侣的可能性非常低。

如果我们选择放弃与亲密的灵魂伴侣共度余生的目标，我们该怎么做呢？研究人员已经掌握大量证据，其中既有面对未实现的梦想时保持心态平和的益处，也有放弃不可能实现的目标，转而追求更适合自己的目标所必需的毅力和灵活性。事实上,研究表明,在面对不切实际的目标时,人们如果能够放弃这些目标,开始新的、有意义的活动,那他们的境遇会大大改善。[19]

研究表明,要想在这种情况下继续顺利生活,必须采取三个步骤。[20]第一,我们开始减少寻找伴侣的努力。例如,告诉我们的朋友不要再为我们安排约会,把我们新认识的人视为潜在的朋友和知己,而不是约会的对象。第二,我们开始觉得,寻找伴侣的目标对我们的幸福来说并不像我们之前认为的那样有意义、重要或关键[21],这或许是通过对"单身等于悲伤的神话"的研究得出的结论。第三,我们发现并开始从事其他活动(比如加强与老朋友的联系、收养孩子或重返校园学习),并逐渐学会以不同的方式思考自己和双方的身份(例如,到底是好朋友还是潜在的好配偶)。如今,美国有一半的成年人是单身,并且最近的调查显示,越来越多的人选择将单身作为一种生活方式。[22]与一个积极的单身群体建立联系,既能让人感到安慰,也能让人充满力量。简而言之,我们在寻找终身伴侣这一目标上投入的时间、精力和努力会改变方向,被重新投入成为一个堪称楷模的朋友、领导者或长辈的目标上。

关于这三个步骤的重要性,我们已经对面临各种问题的人进行了调查,既包括刚离婚的人、夫妻一方濒死于艾滋病的人,也包括残疾儿童的父母。在所有这些研究中,能够继续幸福生活的是那些成功做到下面这两点的人:(1)能够为了自身幸福,看淡最初(但现在无法实现)的目标(例如,治愈伴侣的疾病,或者既能事业有成,又能照顾有特殊需要的孩子);(2)能够看重变更之后更为现实的目标。[23]

例如，如果我们的伴侣得了慢性疾病，我们可能搁置事业，专心照顾陪伴对方。

与单身问题更为相关的是，研究人员还观察了人们在刚分手之后对新的亲密关系的追求。[24] 他们发现，那些不大有机会寻找新伴侣的人（在这种情况下，年长的人比年轻人机会更少）更有可能放弃寻找伴侣的目标，而随着时间的推移，这最终会带来更大的幸福。相比之下，年轻人放弃这些目标的可能性较小，而那些放弃的人随着时间的推移会变得更不幸福。

尽管这项研究结果看起来相当令人沮丧，但其意义值得深思。到了什么时候，我们还会继续对自己的单身状态耿耿于怀，或者希望遇到那个可能并不存在的意中人？到了什么时候，我们才能坦然接受自己当前的生活，并开启其他的人生规划呢？20 世纪 50 年代，著名的精神分析学家唐纳德·温尼科特提出了"足够好的妈妈"的概念。"足够好的妈妈"指的是这样一种女人，她无法立即满足孩子的所有需要，但却能让孩子成长为一个适应能力极强的成年人。[25] 或许，我们中那些面临本章核心问题的人应该思考一下自己是否过着"足够好的单身生活"。对于许多人来说，答案是否定的，所以我们应当坚持成长为最好的自己，成为一个更有可能吸引合适伴侣的人。然而，一些人也可能会惊讶地发现答案是肯定的，至少目前是这样的。

小结

"我单身一人，感觉自己这辈子也就这样了"这一危机意识对许多人来说无疑是痛苦的。如果你发现自己处于人生的这个十字路口，你可以选择继续为自己的处境愁眉不展，痛苦不已，也可以积极行动起来，努力提升自己，保持开放的心态，争取确立婚恋关系。或者，你可能发现自己并不需要男人（或女人），同样也能幸福。如果你的第一个想法是"如果单身，我就永远不会幸福"或者"单身就表明我是个失败者"，那么考虑一下你想结婚的愿望是真正发自内心的，还是由你的家人或更大的文化因素决定的。研究证明，已婚人士并不比单身人士更幸福，而且人们发现，单身人士可以在其他关系和追求中找到巨大的幸福感和价值。如果你不喜欢自己的单身生活，那就改变它。如果你无法或不愿改变自己的生活，那就改变你对生活的看法。实话实说，那种认为只有有了伴侣，生活才会幸福的神话影响深远，但它完全是错误的。知道了这一点可以让你停下来思考问题，然后满怀希望地开辟新的生活道路，创造无限可能。

第二部分 工作与金钱

如果我们从大学就开始做兼职,然后在 67 岁之前每周工作 40 个小时,那么我们一生中工作的时间将接近 10 万个小时,其中 1/4 醒着的时间都在工作。美国人每个工作日的平均工作时间是 9 个半小时,其中 35% 的人周末还加班,31% 的人每周工作超过 50 小时。[1]当然,"平均"意味着我们中有一半的人工作时间更长,而且通常要长得多。我们大多数有工作或事业的人都把工作时间看作身份的重要组成部分,其中充满了成功和失望。更重要的是,工作为我们提供了薪水,有了薪水,我们可以养活自己,享受生活,但也可能因为挣钱太少或花钱太多而囊中羞涩,穷困潦倒。事实上,当人们被问及他们现在最需要什么时,大多数人都表示想要更多的钱。[2]因此,关于什么能给我们带来最大的幸福(比如,找到理想的工作、事业有成、生活富足)和最大的不幸(比如挣钱太少)的神话会渗透进我们的工作和收入。它们持续了四五十年之久,给我们带来严重的危机,这并不奇怪。在接下来的三章中,我将逐一驳斥这些幸福神话的论据,并为你提供许多想法和建议,帮助你应对这些危机,找到属于自己的幸福。

第五章

如果能找到合适的工作，我就会幸福

你是否发现自己的工作不再令人满意，或者甚至更糟，变得无法忍受？如果是这样，最近的调查显示，与你有相同感受的美国人比以往任何时候都多。[1]也许你对自己的工作感到疲惫、无聊或厌倦，或者你觉得事业上的成功已经决然地、无可挽回地离你远去。更重要的是，如果你觉得自己的工作不再是过去的那个样子，那就可能引发令人痛苦的危机，迫使你质疑自己的判断、能力、勤奋和动机。本章的核心内容是引发这一危机的幸福神话，也就是说，无论你到目前为止错过了什么样的幸福，在你找到"合适的"或完美的工作之后，都会实现自己的幸福。要消除这种误解，需要了解工作或成功等相关问题的真正根源和普遍性。只有这样，你才会做好准备，做出最合理的选择，采取下一步行动。下面，我详细介绍一下其中的一些步骤。

习惯你的工作

在第一章中，我重点讨论了你对婚姻感到厌倦的转折时刻。当你承认自己对工作感到厌倦时，是否也存在这样一个类似的转折点呢？

尽管爱情和工作看似没有什么共同之处——那为什么还要"比较"二者呢——但是正如弗洛伊德慧眼所见,它们都是我们心理健康的重要源泉。[2] 此外,同人际关系一样,工作是生活的一个方面,人们很容易从享乐的角度适应它,并且将其视为理所当然。这会导致冷漠和厌倦,加剧那种痛苦的感受,让你感到工作失去了乐趣,做什么也比做自己的工作更幸福。当然,解决办法之一就是找到一条新的职业道路。或者,你可以试着弄清楚你的无聊和厌倦有多少是由独特的(和棘手的)工作环境造成的,又有多少是由普遍的、可以预见的享乐适应过程造成的。享乐适应过程很可能会在你的下一份工作中再次出现。如果是后者,有许多经过验证的方法可以帮你避免对工作产生不满情绪,终止享乐适应。在做出重要的决定之前,你可以试试这些方法,看看它们能否对你有效,或者看看你的工作环境是否已经无法改善。最重要的是,一定要明白一点,即使工作不再令人满意,也有挽救的希望。

我有一些同事经常换工作,每隔两三年就会因换工作搬家。他们似乎对每个新机会都由衷地感到兴奋,会全身心地投入新的工作任务和生活方式。大约一年后,就像二年级的大学生经历的"大二症候群"一样,他们必然会开始感到有点无聊或焦虑,或者对他们的新上司、同事、工作、每天的通勤产生一些抱怨。渐渐地,他们开始幻想找一份更好的工作、更通情达理的老板,或者幻想着上下班更方便、同事更乐于助人、工作负担更轻。

当然,并不是每个人都能经常升迁、换工作,这意味着更多的人只能梦想着做一些有幸能做的事情。然而,这些职业流浪者真的很幸运吗？他们对每一次的新工作真的感到更高兴吗？如果是，其利益是否超过了远离朋友、远离家乡和社区、转到不熟悉的学区所付出的代价？每个人必须权衡一下，我们会从这种权衡中受益，因为它会告诉我们为什么我们总想拥有完美体面的工作，以及我们应如何应对。

在关于这一主题的一项开创性研究中，研究者对高层管理人员进行了 5 年的跟踪调查，调查他们在自愿换工作前后的工作满意度，比如在同一家公司内升职或搬迁到更具吸引力的城市。[3] 这些高层管理人员大部分是男性，大多数是白人，平均年龄 45 岁，年薪 13.5 万美元，工作非常出色。然而，研究人员发现，这些高层管理人员在刚换工作之后会感觉心满意足——实际上就是"蜜月期"——但他们的满意度会在一年内直线下降，重新回到他们换工作之前的水平。换句话说，他们体验的是一种宿醉效应（hangover effect）。相比之下，在同一个 5 年时间段内选择不换工作的高层管理人员对工作满意度的变化微乎其微。因此，尽管（举例来说）我一直待在原来的岗位上，年复一年，心如止水，但我那些不断变换工作岗位的同事则在心理上经历了一次次的跌宕起伏。

所谓的宿醉效应是一种有力的证据，证明了我们对工作存在享乐适应。人类能够适应几乎所有与工作有关的事情，尤其是保持不变的事情。我以前的一个学生最近写信给我，告诉我她刚到旧金山开始新工作时的感受："当时我被海湾对面的景色深深迷住了，拍了许多照片。但现在，每当双层红色巴士在我办公室的窗前经过、车上的每个人都争先恐后地拍照时，我都觉得很好笑。我知道这里的景色很迷人，因为来这里的人都会这样对我说，但我已经百分之百地适应了这一切。实际上我想说,我已经完全适应这里的生活方式,自己又回到了起点。"

我们会习惯自己生活的城市、自己最喜欢的冰激凌、最喜欢的艺术品、最喜欢的歌曲,也会习惯新房子、新车、涨工资(稍后详细阐述这一点),并且也会习惯我在第一章详细介绍的婚恋关系,甚至会习惯性生活。[4] 实现某个目标之后,我们只会满足一小会儿,然后又开始感到不满足,直到实现更高的目标。就这样,我们会不断地提升自己的期望和欲望。总的来说,这不是坏事,因为不断追求更多的目标肯定是符合发展需要的。如果实现目标之后就感到满足,我们的社会就不会有太大进步。如果总是满足于现状,我们就永远不会努力实现更多的目标,比如制作更好的橱柜、出版更多的书、学习更多的语言、寻找新的营养来源,以及完成更多的科学发现。如果我们对自己最近的成功沾沾自喜且不思进取,那就不能有效地与他人竞争,就可能无法发现环境中的危险和机会。

在我们通过调查找到克服、预防或减缓职业倦怠的方法之前,一定要确切了解在适应工作的过程中发生了什么,以及这些事为什么会发生。目前对此主要有两种解释:一是随着时间的推移,我们体验到的快乐越来越少,二是我们的期望越来越高。

当我们开始在令人羡慕的新职位上工作时,会得到极大的幸福感,甚至陶醉感。我们会经常思考这份新工作(以及我们喜欢它的原因),这会带来许多积极的情感,因为这份工作会引发连锁反应,带来一系列好事——主要是由新机遇引发的,比如可能建立新关系、可能遇到挑战、可能有学习和冒险的机会。然而,用我的一个研究生的话来说，那些快乐的水坑会慢慢干涸，最终完全蒸发。在经历了第十次、第二十次或第 N 次工作变更之后，新工作带给我们的兴奋感会持续衰退。当我们对工作的新鲜感日渐减少，把注意力转向生活中无穷无尽的日常烦恼和琐事时，我们曾经感知到的兴奋、幸福和自豪就会越来越少。[5] 在办公室或工作地点待上一段时间之后，我们甚至会无视那些曾经让自己微笑的事情。

与此同时，随着我们从新工作中获得的快乐越来越少，另一件至关重要的事情发生了——我们的期望值提高了。事实上，正是这一点破坏了我们的幸福感，即使我们今天有幸得到的工作能像 2011 年或 2001 年的那份工作一样，带给我们同样的快乐。所以，过去很特别的工作现在变成我们的权利和特权。无论我们的薪酬、职务、自由，还是对工作时间的掌握提高多少，我们都会开始觉得这是自己应该得到的，而且还会开始觉得新鲜刺激的工作体验已经完全成为我们的新生活——"新常态"——的一部分，并开始把我们现在拥有的幸福视为理所当然。这种新的（并且极其普遍的）发展趋势能产生恶劣的后果，它不仅会破坏我们的幸福感，使我们回到升迁之前的感觉，而且还会促使我们提高要求，想要得到越来越多的东西，结果导致我们几乎从不满足于自己所拥有的，即使我们很幸运，拥有的已经足够多。一个极端的例子是，在《战栗》成为有史以来最畅销的专辑之后，迈克尔·杰克逊宣称，除非他的下一张专辑销量翻倍，否则他是不会满意的。事实上，他的下一张专辑的销量下降了 70%。对大多数音乐人来说，3000 万美元的销售额会让他们乐得找不着北，但对杰克逊来说，与他早期成功的对比让他痛苦不堪。

因此，就像我们适应婚恋关系的原因一样，我们很快就能适应我们的工作。知道这一点之后，我们应当停下来思考一下，或许还应当在决定跳槽之前犹豫一下。但是，不要仅仅因为享乐适应是人类的天性，是进化的必然结果——就像人类对甜食的渴望、因爱生妒和对狂暴野兽的恐惧那样——就认为我们无法改变它。

控制自己的欲望

无节制的欲望对幸福是有害的。一方面，我们得到的越多就越幸福。与此同时，我们得到的越多，想要的也越多，这就抵消了增加的幸福感。有这样一个典型的例子，研究发现，受教育程度越高的人对生活的满意度（反而）越低。[6] 换句话说，我从密歇根大学获得的工商管理硕士学位（MBA）可能会提高我的生活满意度（例如，由此而获得友谊、业务关系和声望），但我增加的欲望以及随之而来可能产生的失望和遗憾会抵消提高的生活满意度（例如，"我在排名靠前的学校得到了MBA，但为什么我不能在华尔街找到一份赚钱的工作"）。比之前报酬更高、更刺激、更令人满意的新工作会让我们感到幸福，但是在不知不觉中，我们又开始要求报酬更高、更刺激、更令人满意的工作，想以此证明我们的幸福。

如何防止自己将工作视为理所当然的呢？最有效——同时也是最困难的——方法之一是降低我们的欲望，抑制期望膨胀。[7] 我的意思并不是说我们应当降低对工作的期望，而只是想说我们不应该让欲望继续升级，乃至最后我们理所当然地觉得自己只有得到的东西越来越多，才会幸福。考虑到控制欲望涉及挑战自我，所以我们需要一整套可以利用的心理学方面的方法实现这一目标。我建议尝试多种方法，然后进行微调（二者经常同时进行），不要轻易放弃。下面，我们将介绍 5 种心理学方法。

具体再体验

你可以经常提醒自己，具体回想一下之前那份（不太满意的）工作是什么样子的。[8]如果你之前的工资较低，那就设定某个时间段（比如每月一周）来限制你的消费支出，使其符合你之前的消费习惯。如果你之前的同事不太友好，那你可以偶尔独自一人吃顿午餐。如果你之前经常上夜班，那就定期强迫自己再体验一下熬夜的感觉。类似的重新体验能让你回忆起过去的情景，或者能从思想上回到（不大幸福的）过去，会促使你欣赏现在的工作，并能从中获得更多的乐趣。

具体观察

有一次，我去谷歌的一个办公室做了一场关于幸福的演讲，讲到最后我们讨论了人们是多么容易适应生活中的美好事物。一群员工带我参观了一下公司，告诉我他们非常热爱自己的工作，但是在谷歌工作把他们完全宠坏了，他们觉得自己再也不能在其他公司工作了。他们每天有免费的热腾腾的午餐和晚餐、丰富的零食，有客座作家来访，还有大量的游戏和玩具（包括一间摆放鼓和吉他的乐器室），甚至可以带宠物去上班。他们说，刚开始工作的时候，这些福利似乎很不错，但他们很快就习惯了，甚至开始产生抱怨（比如，"不要再给我们吃蟹肉饼了"）。我当时给出的建议是，他们应该具体观察一下其他公司，甚至如果可能，可以观察一下自己以前的办公室。

偶尔前往你的朋友、熟人或以前同事的工作场所走一走、看一看，私下与你的工作环境比较一下。类似的观察会给你留下非常深刻的印象，帮助你在自己的工作中感受到优越感。

由衷地表示感激

在你的头脑中、纸上或手机中记录一份感恩日记[9]，用它经常帮助你思考工作中的积极方面。没有什么比过高的期望更能破坏感恩之心了，因为你的期望越高，感恩之情就越少。如果你期望明天下午5点回家，然后你做到了，那你不太可能会因此心生感激。然而，在实践中感恩所遇到的问题是，人们很难坚持下来，很难表现得真诚、由衷、发自肺腑。但是，坚持严格的健身计划、健康饮食或每天自愿坚持练习乐器也是如此。关键是要全力以赴、矢志不渝，我们所有人都具备这两种品质。[10]

改变参考点

当想到理想的工作时，你的参考点是什么？对我们中的许多人来说，它应当是薪酬更高、压力更少、更有吸引力、更轻松、更有成就感的工作。它可能是我们的高中朋友现有的工作，或者是我们读到的文章或看过的电影里的工作，但更可能是一个想象出来的工作，其实并不存在。你梦想成为职业足球运动员、电影导演、参议员、凶杀案侦探、调查记者、神经外科医生、畅销书作家或海洋生物学家吗？如果你有这样的想法，那你很可能会忽略这样一个事实——即使是这些听起来很美妙的工作，有时也会产生很大的压力，显得单调乏味，也可能会遇到难以相处的同事，工作可能费力不讨好，结果令人恼火，通勤时间太长。例如，电子游戏测试员的工作排在"令人难以置信的梦幻工作"的前20名[11]，但这份工作需要长时间集中注意力，这可能会让人感到压力和疲惫。正如一个测试人员在谈到自己初次进行了一整天的电子游戏测试工作时所说的那样："到了最后两个小时，我感到恶心，非常难受。"[12] 中央情报局前特工也讲过类似的故事。《揭开伪装：我的特工生涯》一书的作者林赛·莫兰曾经这样说过："你知道，我当然没有奢望能成为像詹姆斯·邦德那样的一流特工，但谁承想，美国中央情报局的很多特工都是衣着普通、正襟危坐地在自己的工位上工作。这一点可能会让许多像我一样的人感到震惊，因为我们加入中央情报局时想象的可比这刺激多了。"[13]

我的观点是，理想的工作是一个糟糕的参考点，不如把它换成一个更合适或更能带来满足感的工作，比如你曾经申请过的类似但报酬稍低的工作，你升职前的工作，或者附近学校、医院、商场、农场、工厂、商务花园里完全不同的工作。此外，一定要经常改变你的参考点，锻炼自己的想象力，设想不同类型的工作和职位。

把今天看作你工作的"最后"一天

目前，我正在进行一项为期一个月的"幸福干预活动"，要求参与者把这个月当成他们的最后一个月来过。这一要求并不是让他们假装自己得了绝症，而是尽可能全面、如实地想象自己即将离开工作、学校、朋友和家庭，离开很长一段时间。之前的研究表明，这种活动能让我们深刻地认识我们准备放弃的东西。当我们认为这将是我们最后一次看到（或听到、做、经历）某事时，我们就会像第一次看到（或听到、做、经历）它们那样投入。[14] 因此，谷歌的员工可能会重新重视他们的蟹肉饼、娱乐活动以及办公桌下的宠物，而我们也可能会感激那位处事公平的经理、灵活的作息时间和旅行的机会。

最后一点想法

你可能已经注意到,上面提到的许多技巧都能让我们更加珍惜目前的工作。这并非偶然,因为珍惜当下可能是控制期望最有效的方法之一。对我们的事业来说,知足者常乐。

有一次,一个印度学生在一次会议上找到我,告诉我她父母的婚姻属于包办婚姻,她一直想知道他们是怎么一起幸福生活的。当她向父母问这个问题时,他们告诉她,他们的秘诀就是不要对对方抱有任何期望,至少在一起生活的头几年里是这样的。她的父亲说:"这样一来,每当你的妈妈表现得非常出色,或者表现得比较出色,抑或哪怕表现平平时,我就会感到很幸福。"我认为这对夫妇控制自己期望的方法非常了不起,这需要一定的本事,或者至少需要付出很多。然而,这对我们其他人的启示是,如果这对夫妇能够做到不抱任何期望,那么我们至少可以成功地抑制自己的期望。

尽管如此,还是存在一个小障碍。大量研究表明,高目标和高期望对人们的表现至关重要。[15] 如果我们期望在求职面试、医生执照考试或第一次约会中表现出色,那我们就更有可能成功。远大目标能够培养自信,激发更大的动力,克服焦虑,实现梦想。那么,我们应如何将这些研究结果与降低我们期望的建议协调起来呢?答案在于,首先要考虑我们的经历,其次要考虑所涉及的领域。

第一,考虑一下我们是否有频繁更换工作(或者婚恋关系、家庭)的历史。如果我们的工作真的不令人满意或没有发展前景,那么我们就应该朝着不同的方向或更高的目标努力。但是,如果按照大多数人的标准,我们的工作相当理想,那我们的期望就超出了现实,可能会剥夺我们的一切，只留下转瞬即逝的快乐。

第二，当我建议降低对工作的期望时，我指的是与我们的职业、职位和工作生活有关的总体期望（比如，"这份工作对我来说够好吗，还是我应该得到更好的工作？"），不是具体的工作表现（比如，"我对明天的演示文稿有信心吗？"）。当谈到我们在工作中的表现和具体成就时，我们应该始终追求高目标。

表现不好可能是生理规律在作怪

2010年8月9日，捷蓝航空公司的一架航班从宾夕法尼亚州匹兹堡飞抵纽约肯尼迪国际机场。当飞机沿着跑道滑行时，一名乘客和一名空乘人员发生了口角。乘务员史蒂文·斯莱特满脸怒火，觉得自己再也受不了了。他拿起对讲机对乘客说了几句脏话（"你们去死吧"），从饮料车里抓起两罐蓝月亮啤酒（高声嚷道，"老子不干了"），然后放下紧急疏散滑梯，从上面一跃而下，一走了之。尽管这种不顾后果放下滑梯的行为危及了停机坪上他人的安全，并使该航空公司损失了一万美元，但斯莱特却一下子成了上班族心目中的英雄，触动了所有心怀不满情绪员工的神经，他们希望自己也能对老板说："老子不干了！"

然而，我们并不总是对自己的工作感到不满，更多情况下很可能是周期性地感到不安或恼火。当你发现这些低谷期——也就是你渴望能一走了之或潇洒地滑下滑梯的时刻——每隔90分钟出现一次时，你会感到惊讶吗？如果我们了解了这一事实，那就可以预见到那些时刻，并阻止它们，而且那些忍无可忍的空乘人员和工薪阶层也会三思而后行。

我们大多数人都听说过昼夜节律，即调节人们每天感觉困倦（临近睡觉时间和整个夜晚）和感觉清醒（接近睡醒时间和整个白天）的生物循环。"昼夜"这个词的意思是"大约一天"，所以昼夜节律每24小时发生一次，从本质上说是我们内在的生物钟对光明和黑暗都很敏感。

然而，我们很少有人听说过另一种被称为"次昼夜节律"的生物循环。在睡眠中，我们每90分钟左右（不超过120分钟）就会经历一次"次昼夜"阶段。而且，在清醒的时候，我们也会继续经历这种90～120分钟的循环。实际上，这意味着在早上起床后的一个半小时到两个小时内，我们会感到精力特别充沛、注意力特别集中，能够在整个活动中保持专注和精力。然而，过了这段时间，我们会经历20分钟的疲劳期，会感到昏昏欲睡，难以集中注意力。这就是"次昼夜节律下降"。

商界专家深谙此道，他们将其作为培训高管和经理的基本原则，并据此提供切实可行的建议。他们的核心理念是，所有员工都必须清楚自己的次昼夜节律，当他们感到注意力下降的那20分钟即将到来时，不要再勉为其难继续下去（这样容易出错，效率也不会高），也不要吃糖果或者抽烟，而应当休息一下，让自己恢复体力、抖擞精神。此时，我们需要放松，或者改做一些完全不同的活动，例如，小憩20分钟（事实证明20分钟是最有效的小憩时间[16]），到户外散步，做一下冥想沉思，听听音乐，读一段小说，或与同事闲聊一会儿（但不要谈工作）。[17] 在一项对新泽西州12家美联银行的员工进行的研究中，那些被鼓励以上述方法重新焕发活力的人报告说，他们对自己的工作更加投入和满意，与客户的关系也有所改善。与对照组相比，他们的贷款收入增加了13%，存款收入增加了20%。[18]

回想一下你最近一次在工作中感到特别不满意或压力很大时的情形，当时你很可能正在经历次昼夜节律下降的20分钟。当然，这并不意味着这些不满或烦恼的感觉不是真正问题表现出来的症状，但这意味着我们应该谨慎对待对它们的过度解读。我们中的许多人都有过这样的时刻，对自己的工作、配偶、子女甚至我们的生活感到"受够了"。等事情过去以后再看，我们会发现这些想法往往都是考虑不周，很快就消失了。这里要提醒大家注意的是，次昼夜节律在一天中会反复出现，当我们的身体从精力充沛的高峰转向低谷时，我们很可能就会产生十分悲观的想法。在做出任何草率的决定之前，最好通过放松、改做其他活动等方式平衡次昼夜节律下降。如果这些悲观的想法一直挥之不去，那就应当认真对待它们了。

局外人视角：客观展望未来

总有一天，我们可能会感到工作不再令人满意。当这种感觉来袭时，其影响可能非常强烈，以至于我们无法视而不见。昔日工作中的任何优点，或者未来发展中的任何希望，与那一天的强烈感觉相比都将黯然失色。在这种感觉控制我们的行动和决定之前，我们必须抽身出来，从局外人的角度客观公正地回顾一下过去，展望一下未来。

你的过去

在许多人眼里，影星克里斯托弗·里夫就是超人的化身，直到他因一次骑马时的意外事故导致四肢瘫痪。他在去世前 5 年出版的回忆录中这样写道:"我花了相当长的时间才意识到电影胶片和现实生活是两码事,这让我至今受益匪浅。今天,我依然铭记在心,我生活中的故事以及我对这些故事的理解,就像一部电影胶片,我可以改变这些胶片。"[19] 这个见解非常深刻,表明我们的过去既不是一块完全空白的石板,也不是一系列固定的环境、经历和事件。相反,我们可以在一定程度上掌握自己的故事,因为我们可以控制哪些经历是我们所强调的,哪些经历是我们所忽略的;我们可以控制哪些事件是我们选择记住的,哪些是我们选择忘记的;我们可以控制清晰记住哪些情形,淡化或扭曲哪些情形。我们真的认为,过去 8 年的职业生涯是一件浪费时间、效率低下、没有回报的苦差事吗?如果答案是肯定的,那么我们在从我们的工作经历中筛选出支持这一观点的证据时,存在多少偏激情绪呢?客观的观察者会得出完全不同的结论吗?要为自己选择最佳的行动方案,应该如实考虑这些问题及其影响。列出对工作经历悲观和乐观看法的证据,可能有助于阐明事实,帮助我们理清思绪。

你的未来

虽然我们在很大程度上可以控制自己对昔日经历的看法和感受,但我们对自己如何看待未来却有更多的控制权。原因很明显,未来还没有到来,因此充满了各种可能性、机会和未知的前景。遗憾的是,我们中的许多人并没有为我们当前的工作设想美好的未来,而是只盯着前进道路上的重重障碍。实际上,对我们来说,沉溺于"逃避幻想"要容易得多(也更令人愉快),因为这可以让我们想象另一份理想的工作，该工作具有我们目前所缺乏的所有优点，并且当然也没有任何缺点。

在着手寻找理想的工作之前，我认为重新审视我们对当前工作的预测至关重要。例如，我们可以学着重新思考和质疑我们的悲观预测，就像认知治疗师教他们的抑郁症患者克服消极想法（比如，"我的经理总是跟我过不去"）那样，寻找证据驳斥那些想法（比如，"上周她当着整个部门的人的面表扬了我"）。正如前文所讨论的，我不建议我们应该说服自己相信一切都会永远美好下去。对未来的积极思考其实很简单，比如我们可以对自己说："没错，这个项目会很困难，但我会完成。"或者这样说："过去的几项任务简直无聊透顶，但是根据以往的经验，很快就会出现艰巨的挑战。"最重要的是，我们一定要训练自己把工作中感觉压力或单调乏味的时期看成短暂可控的，而不是持久、影响深远的。这个新的视角能让我们看清我们目前的工作到底有多糟糕，或者到底能否接受。

只有成功，才能幸福？

我们都曾有过远大理想，都曾努力过，也都曾做过很多正确的事情。然而，尽管我们付出了努力，取得了一些成就，也得到了幸运女神的垂青，但有一天，我们突然意识到，我们的成功已经停滞不前，眼看着我们的朋友、朋友的朋友以及以前的同事一骑绝尘，把我们远远甩在身后，任凭我们在风中凌乱。当我们的职业生涯停滞不前时，他们却在庆祝生意兴隆，购买第二套（或第三套）房子，在电视上侃侃而谈，在颁奖典礼上被奉为上宾。这其中到底出了什么问题呢？为什么我们没有跻身于那210万被认为是高管的美国人之列呢？[20] 为什么我们的才能没有得到赏识呢？

当我们发现自己纠结于这些问题时，就应当抽身出来，从局外人的角度重新审视我们的优先事项、目标和参考点。就像感觉我们的工作不再令人满意一样，"只有成功，才能幸福"这一幸福神话让这个人生的十字路口变得更加令人迷茫，因而可能产生错误的不满情绪。然而，针对"我们未能实现职业梦想"这种错误观念，我们需要新的建议。遵照我下面提供的建议，可以帮助我们更客观、更宽容地衡量我们的成就，并能从一开始就避免这些烦人的问题。

避免与他人进行有害的比较

很多时候，不把自己和别人比较是不可能的。每当我们在朋友家吃饭、询问邻居、配偶这一天过得如何，或是打开电视机时，各种各样的信息会让我们应接不暇，比如他人的成功、悲剧、观点、生活方式、个性以及婚姻等；各种各样的形象会将我们淹没，比如好莱坞豪宅与花园式公寓、漂亮的脸蛋与发福的身体、小提琴演奏家与过气明星等；各种各样的成功人士会让我们相形见绌，他们的成功似乎凸显了我们自己被浪费掉的潜力，而他们的事业似乎就是专门为了把我们的事业比下去。

人与人之间的比较是一种十分自然的现象，会很轻易地自动产生。毫不奇怪，研究表明，将自己与他人进行比较——无论是某个孩子注意到同学的书包比自己的更酷，还是某个主管发现自己的薪水比同事的更高——不仅会对我们的自我评价产生深远影响，而且对我们的情绪和心理健康也有深远影响。[21] 的确,与他人的比较正是导致我们感到不足和不满的罪魁祸首。对我们大多数人来说,感到不足或感到没有达到某种崇高的标准源于看到了他人的成功,无论是真正的成功还是想象出来的成功。我们不是这样问我们自己:"我的工作(或能力、收入)能满足我的需要吗?"而是这样问:"与邻居相比,我的工作、能力和收入如何?"我们没有感到个人越来越富有,反而感到自己正在接近新的相对贫困的水平。[22]

然而,我们却不能对所有的比较视而不见,也不能不关注他人的表现。因此,在读研究生的第三年,我开始研究如何进行比较这一问题。我们下面马上就会看到,这一研究表明,对自己的成就感到满意的秘密不在于忽视他人的长处和成就,而在于不受这些观察结果的负面影响。换句话说,不要让人与人之间的不利比较影响自己。

我进行了一系列研究,以检验我们当中那些有能力摆脱与同辈比较产生的不利影响的人,是否真的比那些做不到这一点的人更幸福。[23] 例如,在一个实验中,我同时请来两名志愿者,让他们每人使用两个手偶——花栗鼠和水獭——给想象中的一年级学生上一堂有关友谊的课。[24] 这两名志愿者轮流在一个单向屏幕前讲课,同时试验者假装对他们进行打分和录像。他们讲完之后,我们耍了一点儿小手段,让每个志愿者都相信自己这堂课讲得非常糟糕(也就是说,他们从评委那里得到的平均评分是 2 分——满分 7 分),但也相信另一个志愿者表现得更糟(只得到了令人失望的 1 分)。与之相比,我们让第二组志愿者相信他们表现得非常出色(从评委那里得到的平均评分是 6 分——满分 7 分),但他们的同伴表现得更优秀(得到了满分

7分）。此外，我还邀请一些参与者独自完成这一实验（没有同伴参与），他们得到的反馈有的是"优秀"，有的是"糟糕"，但对另外一名参与者的表现丝毫也不了解。

多年以后，我仍然对这些研究结果感到惊讶。为了分析这些数据，我把参与者分成两组，一组在讲课前表示自己非常幸福，另一组表示相对不幸福。当研究那些非常幸福的参与者讲课前后的数据时，我发现那些得知自己表现很糟糕的人报告说，他们在实验结束后感觉不那么乐观、自信，感觉比较伤心。他们对所谓的失败的反应十分正常，一点儿也不令人感到奇怪。相比之下，那些得知自己的表现非常优秀，感觉非常幸福的参与者（满分7分，得了6分）于实验结束后在各个方面都感觉更好，并且值得注意的是，这些人即便在得知有人表现得更好之后，也没有冲淡他们所谓的成功带来的喜悦。

然而，针对那些十分不幸福的参与者的研究结果却值得深思。他们的反应似乎更多的是受到了他们听到的对同伴的评价的影响，而不是由他们自己得到的反馈决定的。事实上，这项研究刻画了不幸福者鲜明且十分令人不快的形象。那些十分不幸福的志愿者报告说，当得到糟糕的评价（但听说自己的同伴表现更差）时，他们会比得到优秀的评价（但听说自己的同伴表现更好）时感到更幸福、更安心。看起来不幸福的人已经认同了戈尔·维达尔的那句讽刺名言："要获得真正的幸福，仅靠自己取得成功是不够的……还需要周围人的失败。"

我从这项研究以及我所进行的其他6项有关这一主题的研究中得出的结论是，当我们问自己"我有多优秀（成功、聪明、友善、富足、道德）"这个问题时，我们中那些一贯依赖自己内在客观标准的人是最幸福的。这种习惯使我们不太可能受到外在判断和外部现实的冲击（例如，发现我们的邻居正在导演一部电视剧，或者我们以前的同学上了《加州律师》的封面）。相比之下，我们中那些将自我评价建立在与他人比较的基础上的人是不会幸福的，并且事实证明这种做法是相当不明智的。大家应当谨记，看到他人的成功、成就和胜利就感到沮丧或泄气，看到他人的失败和过失就感到宽慰而不是失望或同情并不是获得幸福的良方。

与人比较的习惯从很小的时候就开始了。在孩童时期，我们知道人们经常用各种方式比较优异的表现。我们经常被拿来和我们的兄弟姐妹比较谁更有礼貌，和同学比较谁更聪明，甚至和我们父母小时候获得的 A 和奖杯相比较。因此，我们已经习惯于想要知道我们同他人比较的结果，并且最好是知道我们自己更胜一筹。由于早期形成的这种影响，人与人之间进行比较是不可避免的。这种习惯根深蒂固，以致人们发现，就连卷尾猴也像人类一样，对与猿类进行比较十分敏感。[25] 然而，因为总有人比我们更胜一筹——比我们更富有、更聪明、更受欢迎或更苗条——所以这些比较会让我们经常感觉很糟，而不是很好。[26] 正如我的研究所表明的那样，我们的目标是在判断自我价值时少依赖他人，多依赖自己的标准。

如果有一天你觉得自己还没有"成功"，那么这个结论是基于你的个人目标，还是基于别人制定的某种规范或标准？你对自己过去成功（或失败）的感觉是由别人的想法决定的吗？如果你的答案是肯定的，我建议你应该尽可能地忽略这种令人讨厌的人际比较，例如，当你发现自己产生想与人比较的念头时，立即喊停或想想令人高兴的事情，转移自己的注意力。当你无法视而不见时，应该努力体验"傻瓜式欣慰"（指从他人的成就中获得快乐），而不是"幸灾乐祸"（指从他人的不幸中获得快乐）。当你感觉不到损失，感觉不到失败，不会因为看到别人在某一领域比自己强得多而产生任何焦虑时，你就会比一般人更成熟，因此也会更幸福。[27] 你就不会抱怨自己没有取得成就，而会认可自己到目前为止所付出的努力，并采取行动实现下一个目标。

对幸福的追求与追求带来的幸福

也许你对没有达到目前想要达到的目标的担心并不是完全没有根据的。如果是这样，那么你的首要任务就是纠正这种情况，找出你的激情所在，并采取行动去追求它。大量的研究（其中一些研究古老而经典，一些研究新颖而前沿）为我们提供了最佳的方法来激励自己，找到有意义的目标，并朝着目标努力。如果能把这些研究结果应用到我们的生活中，那就可能会让我们更幸福、更成功。然而，我们必须始终牢记一点，即实现梦想并不一定能带来幸福（正如我下面所说的），努力奋斗、追求幸福的过程才是最重要的。

专家在研究"目标追求"时，实际上是在研究我们在日常生活中所从事的各种各样的项目、规划、计划、任务、努力、冒险、使命和抱负目标（无论大小）。当谈到我们的职业和业余爱好时，大量研究表明，只要是在努力奋斗（不一定实现目标）就会感觉更幸福，尤其是当我们工作和爱好方面的目标比较现实、灵活，被我们的文化重视，比较靠谱，不贪图享乐，也不会对我们生活的其他方面产生负面影响时。[28]

然而，这项研究也让人们看到了一个出人意料的结果。本书这一部分涉及的核心危机是我们对尚未实现梦想的焦虑，然而实验表明，追求目标是否能让我们幸福的关键因素在于享受追求目标的过程，而不在于实现最终目标（梦想）。当然，这一结果与许多人的想法和直觉相矛盾，他们坚信实现目标才是衡量幸福与否的至高无上的标准。事实上，这一结果与一个重要的幸福神话相矛盾——该神话告诉我们，幸福需要等待，直到实现梦想我们才能够幸福。然而，当我们最终在百老汇戏剧中得到了那个角色、在工作中得到了晋升或者得到了那个奖项时，我们会产生瞬间的快感，但兴奋过后往往会感到厌烦，期望随之增加，甚至会感到失望。[29] 当经济学家、《纽约时报》专栏作家保罗·克鲁格曼得知自己获得了梦寐以求的诺贝尔奖后，他妻子罗宾先是感到兴奋，但兴奋劲儿过去之后，她对丈夫说道："保罗，你哪儿有时间去领奖啊！"[30] 与此类似的是，在我的一个同事获得了他所在领域的最高荣誉——美国心理学会杰出专家奖之后，有人问他这种幸福感持续了多久，他回答说："只持续了一天。"

相比之下，如果我们享受奋斗的过程，我们就能从追求目标的过程中得到快乐和满足，很可能会提高我们的技能，发现新的机会，不断成长、努力、学习，从而变得更有能力、更专业。无论是在我们所选择的工作领域，还是个人爱好中，逐渐增长的知识和技能都将为我们提供更多感恩和快乐的机会以及（一些专家所说的）满足感，因为人生来就需要挑战，需要把潜能发挥到极致。无论我们看重的目标是发明创新，还是完成学业，它都会给我们一些值得努力和期待的东西。

此外，追求目标本身能让我们的日常生活充实且有意义，能够约束自己，提高效率，工作起来有条不紊，并且能够创造机会掌握新技能，加强与他人的联系。因此，在追求目标的过程中，我们可能获得生活的使命感，对自己的进步感到欣慰，并且能够掌控我们的时间。所有这些都能使人幸福。一旦我们在这个过程中完成了某个步骤（比如，完成实习任务或完成一篇文章），我们就会仔细品味这个完成的步骤或小目标（这肯定会给我们带来情感上的一些自我激励），然后再从这个完成的目标出发，朝着新的目标前进。[31] 总而言之，我们不应该一开始就把太多的精力放在终点线上，而应该把精力放在完成前进过程中所必需的多个步骤上，并尽可能地享受这一过程。

价值千金的问题

从马尔科姆·格拉德威尔（《引爆点》和《异类》的作者）到迪安·西蒙顿（加州大学戴维斯分校的创意学者），无数作家和研究人员都曾探索过是什么让人成功的问题。[32] 是天生聪明，还是努力工作？是责任心，还是天赋？许多人认为，简单来说就是勤奋，也就是说，在任何领域中，我们需要投入大约一万小时的辛苦努力，或者刻意练习，才能有望成为真正的专家或者取得成功，无论是演奏小提琴，写小说，打棒球，还是进行脑手术。我发现这些观点非常有趣[33]，也颇具说服力，但我始终认为该讨论缺少一个关键部分，而这一部分内容价值千金，即我们如何强迫自己完成那一万小时的工作[34]，我们从哪里得到动力强迫自己每天练习5小时的小提琴，或者我们怎样才能像本杰明·富兰克林那样不辞劳苦地誊写和重写已发表的全部文章（从散文到诗歌，然后再从诗歌到散文），我们从哪里得到动力每天早上5点就起床来完成这些事情。如果答案是天生的性情使然（有些人天生比其他人更有动力、更有责任心），或者是严厉的父母、配偶或教练使然[35]，那么许多人想取得类似伟大成就的希望很可能会落空。

不过，这项研究并没有证明这个悲观的结论。我们现在对我们需要全力以赴的激情或动力有了更多的了解，知道了什么会破坏它，也大致了解了哪些因素可以激发它。从本质上讲，无论我们是想成为一个小老板、导演、政策分析师、保险经纪人，还是一个美食博客作者，如果我们能朝着这些目标努力——因为这些目标本身非常有趣，能带给我们快乐，或者奋斗过程体现了我们最重要的价值观，换句话说，如果我们的动机是内在的——那我们都更有可能成功，也更愿意尝试。[36]

尽管任何目标，即使是错误的或恶意的目标，都有可能是内在的，但总的来说，理想的目标能够激发我们成长的基本动力，让我们感到自己很有能力，十分自信，能够与他人建立良好关系，能够为社会做出贡献。如果我们追求的目标并非我们自己真正的目标，只是为了得到别人（比如，父母或同事）的认可或避免内疚才这样做，那这样的目标不会让我们感到幸福，也不太可能成功。此类"外在的"目标包括想方设法变得富有、美丽、受欢迎、强大或出名。[37]

如果你追求的是事业或工作本身，那你更可能表现出高度的专注、投入、效率、求知欲和毅力。如何获得这种精神和动力呢？你必须从一开始就这样做。也就是说，最重要的一点是从一开始就要决定什么才是自己真正想要的东西。大家可以针对自己目前尚未实现的抱负或梦想，问自己下面这些问题：

- 你的目标（比如，自己想创业）切实可行吗？
- 这是谁的目标，是你自己的，还是其他人的？
- 目标是否与某个长期的计划相冲突（例如，多花时间与家人在一起或环游世界）？
- 在追求梦想或幻想梦想时，你能否真正感觉到"自身存在"？
- 你希望在这个过程中成长还是培养持久的关系？
- 如果报酬再低一点儿，你还会这样做吗？

你不必完全同意这些观点。我对我的工作充满激情，但当它占用了我太多的家庭、休闲时间或工作比较艰苦时，我仍然会感到恼火。但是，如果你对其中至少两个问题的回答持明显否定的态度，那就几乎不可能从中发现某种内在动机。在这种情况下，你会想改变自己的优先事项和目标，例如，从经营银行改为经营非营利性机构，从追求财富改为从事慈善事业，从教学改为写作，或从写作改为教学。或者，有时可以重新规划你的工作。也许这背后有一个你未曾考虑的崇高目标，也许你有写作、公开演讲、人际关系、组织等方面的天赋，但这些都没有被发现，你可以把它们运用到当前的工作中。

如果你的工作暂时让你觉得单调乏味，也许你可以利用这种感觉，通过某种方式发展自我。很多工作都需要等上一段时间才能继续进行：售货员可能在慵懒地等待下一位顾客，出租车司机可能在无所事事地等待下一位乘客。还有一些职业需要付出体力劳动，这些工作容易让人走神，比如打字、点击在线广告、机械加工、粉刷房屋等。为什么不利用这段时间学习或成长呢？例如，长途卡车司机、数据录入员和捕捞大比目鱼的渔民报告说，他们边工作边收听世界各地大学有关生存哲学、世界经典和理论物理学等不同主题的播客课程，这让他们有了新想法，工作起来也不那么乏味了。[38]

一旦我们选择或重新规划目标，使其变得对个人有意义、能够满足需求、令人振奋，那我们就可以借鉴其他研究成果维持我们的承诺和动力。首先，研究表明，当我们公开决定要完成某件事时，成功的可能性要大很多倍，不管是申请那份拖延已久的证书，还是开始寻找全职工作。[39]其次，我们应该努力争取那些与我们最亲近的人，让他们支持我们追求的目标，然后利用他们的帮助和安慰。如果我们的伴侣或最好的朋友不仅支持我们的梦想，而且鼓励我们，认为我们已经拥有我们所追求的专业知识、权威、成就或头衔，那我们就能够更有效地保持前进的动力。[40]

其实，我们最好遵循心理学家亚伯拉罕·马斯洛的建议——选择成长而不是选择安全。换句话说，我们应当选择冒潜在的有价值的风险，而不是选择做我们知道的、舒适的、熟悉的事情。思考一下你对那个难以捉摸的梦想的追求——那个你因尚未实现而苦恼的梦想——然后问问自己，冒险是否能带来潜在的巨大回报。列出两列，一列是预期收益，一列是可能的成本，这将帮助你揭晓答案。我并不偏爱"走出舒适区"这个说法，但这正是我建议我们应当尝试的。也就是说，做一些我们想做但不愿意做的事推进我们的梦想。尝试过这种做法的人发现它极具挑战性，但同时也具有推广性、能动性和激励性。[41]

小结

如果我们认为得到理想的工作就能带来一生的幸福，那么一旦在得到那份工作之后，我们就会发现随之而来的幸福感并不像我们想象的那么强烈或持久，这时，我们就会感到非常痛苦。换句话说，这种幸福神话的根源是一种误解，即尽管我们现在并不幸福，但当我们成为公司合伙人、当我们管理自己的项目、当我们首次举办画展、当我们推销出自己的剧本、当我们经营自己的商店，或当我们赢得诺贝尔奖时，我们肯定就会幸福。然而，当获得一份看似完美的工作并不能让我们像预期的那样快乐，并且这种快乐如此短暂时，我们就遇到了问题。这种令人讨厌的体验背后的原因是享乐适应的必然过程。因此，关键是要认识到，每个人都会习惯新工作或新冒险带来的新奇、刺激和挑战。这种新的认识将为我们产生职业倦怠的原因提供另外一种解释。也就是说，工作本身、我们的动机或我们的职业道德可能没有任何问题，问题可能是，我们经历的只不过是一个自然而然的、人之常情的过程。

之后要了解我们可以主动采取什么行动减缓甚至扭转职业倦怠的过程，并尽快开始采取相关行动。如果这些努力最终都无济于事，如果该工作确实达不到我们的预期，或者不适合我们的选择和能力，那么我们就更应当相信，改变追求目标的决定是经过深思熟虑的。也就是说，这一决定基于理性的分析和努力，而并非基于感性直觉。

我们可能发现自己非常不满意,因为我们在今天的职业生涯中并没有达到我们认为自己能够达到的水平。然而,本章的核心内容是,如果我们想要获得成功——获得认可、权力和奖励——因为我们认为幸福取决于成功,那么我们就是在削减我们当前的幸福,并危及未来的幸福。为什么这样说?其原因来自大量的研究,不过好在(但也可能不算什么好事)可以用一句老生常谈的话来概括:"幸福不是来自外界,而是来自我们的内心。"尽管这句话听起来很老套,但有时真理就是会被伪装成老生常谈。我们有时的确会哀叹自己命苦,因为我们还没有实现这个或那个目标(而我们的朋友已经实现了),而这种哀叹也确实让我们感到不幸福,但实现这个或那个目标并不能解决我们感到不幸福的问题。我们应当把注意力从有害的攀比上转移,专注于我们自己的内在标准,专注于追求梦想的过程,而不是最终的结果,这样就可以把我们的注意力和精力从"如果____,我就会幸福"这种心态转移到更广阔、更富有成效的视野上。

第六章

如果破产，我就不会幸福

生活中最痛苦的转折点之一，就是发现自己失去了房子、工作或退休储蓄。"丧失抵押品赎回权""破产""解雇通知""被驱逐"这些字眼会让我们惊慌失措，彻夜难眠，陷入绝望和恐惧。我们最初可能会备受煎熬、万念俱灰，觉得自己失去了一切，一败涂地，不再有任何希望，再也无法奢望幸福了。

我们中的一些人可能会走出财务困境，过上富裕的生活，但很多人则只能靠薪水勉强度日，过着月光族的生活，除了基本的必需品外，什么都买不起，心中惴惴不安，担心再出现经济衰退，备受贫穷的煎熬。近年来，甚至那些生活相对优裕的人也感觉经济上不安全。30年前，我们当中有人遭受收入损失的概率是17%，担心被解雇的人数比例也大致如此。但如今，收入减少的概率是25%，大多数人都担心失去工作。[1]即使当世界经济好转时，对破产的担忧可能仍占上风。根据我们个人基本上无法控制的经济衰退这一情况，我们应如何应对这种焦虑，如何过一种安贫乐道的生活呢？

金钱能买到幸福吗？给你明确而直接的回答

很少有人相信没有钱也能幸福。我在本章的首要目标是研究这个幸福神话，对我们需要金钱才能获得舒适、安全和满足这一根深蒂固的观念提出挑战。我的第二个目标是提供基于研究得出的建议，告诉大家如何用微薄或不稳定的收入维持高质量的生活，如何把劣势变为优势，如何物尽其用，如何量入为出。

关于金钱是否能使人幸福，人们已经讨论过很多，也写过很多文章或出版了大量著作，所得出的结论截然不同，这取决于我们听到的是哪位心理学家、经济学家或评论家的观点。我读过很多关于幸福与财富、收入和财产之间联系的书，也与许多专家就这个问题进行过交流（并听到过他们的意见），所得到的信息相互矛盾，令人困惑，但我相信我可以给出一些合理的、基于数据分析的结论。

收入和幸福的确呈显著相关，尽管二者之间的关系不是非常紧密[2]

换句话说，确实，人们的经济地位越高就越幸福。这一点在很多方面都已经得到充分印证，因为金钱不仅给我们提供了获得舒适和奢侈生活的机会，而且给了我们更高的地位、更多的尊重、更多的闲暇时间和更惬意的工作，可以让我们获得更好的医疗和营养，以及更大的安全感、自主权和控制力。富人可以生活得更健康，可以有足够的钱和他们喜欢的人待在一起，生活的社区更安全，生活环境更宽松，并且在面对疾病、残疾或离婚等不幸遭遇时受到的伤害更少。但是，令人惊讶的是，金钱与个人幸福之间的相关性竟然没有想象中的那样强。

不过，有两点需要注意。首先，幸福和金钱之间的关系只适用于某种幸福。当人们被问及他们总体上有多幸福或有多满意时，那些钱多的人会说他们更幸福、更满意。但当人们被问及他们在日常生活中的每时每刻有多幸福时，比如，"昨天你有多快乐、多紧张、多生气、多兴奋、多悲伤"，那些钱多的人几乎不太可能感到幸福。这一研究结果表明，在思考自己的生活时，金钱能让我们感到幸福（比如，"总的来说我幸福吗？没错，我过得不错"）。[3] 但是在实际生活中，金钱对我们感觉的影响要小得多（比如，"我今天幸福吗？"）。[4]

其次，心理学家、社会学家和经济学家在讨论金钱和幸福之间的关系时，无一例外地想当然地认为金钱是幸福的诱因。其实，二者之间的因果关系可能是双向的。也就是说，金钱能买到幸福，而幸福也能买到金钱。事实上，有几项研究表明，幸福的人相对来说更擅长赚钱。[5]

对于穷人来说，金钱和幸福之间的联系要比富人紧密得多[6]

也就是说，当我们对充足的食物、安全、医疗保健和住所的基本需求得不到满足时，收入的增加对我们的影响要比我们生活相对安逸时大得多。换言之，如果金钱能让我们摆脱贫穷，那它就能让我们更幸福，因为一贫如洗的人更有可能被赶出家园、忍饥挨饿，更有可能生活在犯罪率高的社区，子女更容易辍学，容易缺医少药，或无法应对疾病或残疾造成的痛苦、压力和实际需要。[7] 此时，即使收入稍有增加，也能减轻或预防其中的一些不利情况。

这些观点有助于解释为什么金钱能让穷人更幸福，但为什么金钱对富人幸福感的影响相对较弱呢？原因之一在于，当收入超过一定水平之后，其积极作用（比如，能够乘坐头等舱或者能够聘请一流的医学专家）可能会被一些消极作用抵消，如增加的时间压力（比如，工作时间和通勤时间更长）和增加的负担（比如，身居要职带来的压力，对投资感到焦虑，以及溺爱孩子的问题）。[8] 因为财富能让人们体验到生活所能提供的最好的东西，所以它可能降低他们品味生活小乐趣的能力。[9]

在国家间（相对于个人）进行比较时，金钱和幸福之间的联系更加紧密

换句话说，生活在富裕国家的人比生活在贫穷国家的人幸福得多。[10] 然而，需要特别注意的是，富裕国家不但其国内生产总值（GDP）高于贫穷国家，而且其民众可能享有更高的民主、自由和平等，富裕国家也不太可能经历政局动荡或猖獗的贪腐问题。因此，在国家层面上，究竟是什么推动了金钱和幸福之间的关系还不清楚。

在许多国家，随着人们经济状况的改善，他们的平均幸福水平并没有改变[11]

从有钱人更幸福这一点来看，最后这个结论似乎令人费解。因此，正是这个特殊的研究结果，通常是导致媒体等方面宣称金钱买不到幸福的原因。从我之前对研究的描述中，你可能已经猜到其中的原因，比如，为什么美国人的收入增加了两倍，却没有变得更幸福。[12] 首先，收入增加以后欲望也随之增加，之前我们认为奢侈或可有可无的东西现在被认为是必要的，比如度假、买车或铺设室内管道等。其次，收入增加以后我们会被迫改变与他人的比较，比如我们现在会感觉自己比身边和办公室里比我们有钱的人更穷了。[13]

如何运用古老的节俭美德让自己知足常乐

从数百项关于这个问题的研究中得出的结论是，有钱可以让我们幸福，没钱肯定会让我们不幸福，但是金钱的力量比我们想象的要小得多。例如，尽管经济拮据会对我们的生活产生许多不利影响，但它对我们幸福的影响相对较小，因为正如我们从本书中了解到的那样，许多其他因素对幸福的影响更大。了解了这一点，假如我们没有多少金钱——无论是环境使然，还是人为选择——那我们有没有可能以这样一种方式生活：我们对金钱的需要和不安全感不会阻止我们追求幸福和成功？还是说，知足常乐只不过是富人宣扬的一种老掉牙的谬论？

研究表明，知足常乐并不是一种谬论。一段时间以来，我和我的研究生乔·钱塞勒一直在思考这个问题。当前世界经济举步维艰——失业人数创历史纪录，债务居高不下，无数美国家庭面临破产——因此这个问题变得越发紧迫。我们两人共同合作，提出了一些建议，总结起来就是，如果经济拮据者希望从减少开支中获得最大的幸福，那他们应该从古老的节俭美德中汲取经验。

尽管我们中的一些人把"节俭"与表现得抠门儿、小气或吝啬联系在一起，但这个词实际上源于"thrive"一词（意指"兴旺、繁荣"）。从本质上讲，节俭是对有限资源的最优化、最有效利用。从历史上看，节俭等同于勤奋（我们越努力工作、争取奖赏，我们就越不可能浪费它们）、节制（我们通过自我节制和自我克制来控制过分行为），以及追求充实、有效的活动（避免把资源浪费在无关紧要的事情上）。节俭有着悠久而光荣的历史，一直得到形形色色的作家、哲学家、企业家和思想家的推崇，比如苏格拉底、所罗门国王、孔子、本杰明·富兰克林、亚历克西·德·托克维尔、马克斯·韦伯以及沃伦·巴菲特等。

我们都可以运用节俭的原则，做到少花钱多享受，同时努力确保有限的工资不会完全破坏我们的幸福。更重要的是，节俭行为本身可以让我们感觉良好（可以突出我们更好的本性），展示控制能力（可以突出我们管理自己财务的能力），甚至能够促进成功。例如，研究表明，有能力延迟满足（节俭的一个关键特性）的孩子长大后能够得到老师的上等评语，高考成绩会更好，能够考上更好的大学，青少年时期不太可能横行霸道，成年后也不太可能沾染毒品。[14] 我和其他人的实验研究为大家提供了一些方法和做法，有助于培养节俭行为。

不要成为出借者的奴隶

阿尔伯特·爱因斯坦曾经用下面这句格言很诙谐地定义了相对论："把手放在滚热的炉子上一分钟，感觉就像过了一小时。坐在漂亮女孩身边一小时，感觉就像过了一分钟。"[15] 心理学家把这一事实称为"坏事比好事的影响更强烈"，或者"痛苦比快乐的影响更大"。正如我在第二章中提到的，20年的研究表明，我们从负面体验（有时我们永远无法从负面体验中恢复过来）中受到的情感冲击，要比从正面体验（对此我们很快就习惯了）中获得的情感刺激大得多。[16]

这些研究结果对我们的启示是，如果某次巨额花销让我们债台高筑，那么购买带来的兴奋将会完全被债务压力淹没。这个例子不仅仅是一种假设，因为美国的无担保消费债务平均每个男人、女人和孩子都有8 000美元，每两个美国人中就有一人承认为他们所欠的债务担忧。[17]尽管对于节俭的人来说，这似乎是显而易见的，但是那些存款很少或没有存款的借贷者仍然依赖信贷继续消费，他们会一直对支付、损失收入和拖欠贷款感到焦虑不安。除非我们是用贷款支付电费或挽救孩子的生命，否则过度消费和负债的成本远远超过最诱人的购物带来的好处。

另一个例子涉及因房致贫而付出的巨大精神代价。住在后院更大的大房子里能给我们带来快乐，但这种快乐会随着时间的推移而减少，最终我们几乎不会关注住房面积的变化或升级改造后的浴室。更重要的是，我们从房子里得到的快乐无法与每月偿还抵押贷款的痛苦和担忧相提并论。从因房致贫到因房致富的转变意味着每天压力减少，每时每刻的幸福增加。

这一切与我们如何做到知足常乐有什么关系呢？幸福不只是感觉良好，还要感觉不那么糟糕。因为减少负面体验（比如与债务相关的担忧）带来的快乐回报是创造正面体验（比如买一台新电视）的三五倍[18]，所以在花钱购买不必要的服务或商品之前，一定要先减少或消除债务，这是享受低成本生活的明智做法和首要之举。

把钱花在体验上，而不是花在财物上

越来越多的证据表明，让我们幸福的不是财物，而是体验。[19]许多体验，比如与朋友远足或与家人一起在晚上做游戏，实际上都是免费的。还有一些其他的体验，比如自驾游、丰盛的晚餐、体育比赛、烹饪课和摇滚音乐会，都是要花钱的。当然，有时候体验和财物之间有一条微妙的界线。比如，Wii游戏机既是实物，也是体验、学习和冒险的渠道。因此，最幸福的人似乎是那些最擅长从他们所投资的一切事物中获取体验的人，无论是一把吉他、一张机票、一本图画书、一件衣服、一台相机、一堂蛋糕装饰课，还是一双跑鞋。

在我们彻底改变消费习惯之前，一定要考虑这样做背后的原因和科学依据，即明白为什么体验比财物更重要。

第一，因为大多数财物在我们购买之后不会改变，所以我们会更快地适应它们。一旦我们打开包装，把新买的东西放到架子上或壁橱里，过不了多久，我们就会觉得它永远就是那个样子，甚至不会再注意到它。

第二，与财物相比，体验在本质上更具社交功能，更容易与他人分享、更值得期待和重温。与谈论或炫耀我们的新手表或卧室家具相比，同朋友一起度假或打保龄球更有可能巩固彼此的友谊。

第三，有些研究强调了与人比较的危害，从这个角度来看，体验比财物让我们更幸福的一个原因是我们不太可能把自己的体验与他人的体验进行比较，这不足为奇。其根本原因在于如果想把我们躺在沙滩上度蜜月和我们的朋友观光旅游度蜜月进行比较，需要付出巨大的努力和想象。即使我们能进行比较，在得知我们的邻居正玩得很开心的时候也不可能减少我们自己的快乐。我和我丈夫都喜欢保罗·麦卡特尼的音乐会，但我们一点也不在乎第八排的人是否更喜欢这场音乐会。然而，我们可能对自己刚买的那辆两厢轿车感到欣喜不已，但每当我们的邻居开着他的豪华敞篷车经过时，我们的高兴程度可能会略打折扣。

第四，相对于财物而言，体验也不太容易进行另外一种比较，即不可能与假设的结果进行比较。[20] 从商店里买的小玩意和手提包（但不包括能带给我们体验的芭蕾舞课和短途旅行）很容易放在一起进行比较，所以当我们发现更有价值的东西时，很可能会对之前买的东西感到后悔，即使它令人十分满意。与此类似的是，选择财物要比选择体验困难得多，因为对于某件可以持有或触摸的具体物品来说，如果选择得不令人满意，那买到手之后它更有可能不断折磨我们。

第五，具体物品通常会随着时间的推移而变得陈旧乏味，最终我们渴望替换掉它们，但体验却历久弥新，更加有趣。一个美好的周末、一顿丰盛的晚餐或一次愉快的谈话会在我们的记忆中变得光彩夺目，使我们忘记或忽略任何压力（例如，迷路或者遭遇交通堵塞）与烦恼（比如，打翻热咖啡或者遭遇恶劣天气），只记得其中积极的一面。我们更有可能在精神上重温我们昔日的体验，而不是我们所购买的具体物品。[21] 我们越是经常重温和回忆这些体验[22]，它们就会变得越发生动美妙，带来的故事也越发丰富多彩。

第六，与财物相比，体验让我们感到更幸福，因为我们更有可能认同它们，而不太可能想要买卖它们。[23] 毕竟，人是由全部体验组成的，而不是由全部财物组成的。当我们拥有某样东西时，它其实处于我们身体之外——在储物架上、在肩膀上或客厅里。但当我们体验某种事物时，它其实就在我们心里——在我们的思想和记忆中。

第七，像爬山、游历偏远地区或学习潜水这样的体验可能需要面对挑战和冒险，使我们心甘情愿地努力忍受艰苦的课程或旅程，享受来之不易的成就感。除非我们得到的新物品是滑雪板或悬挂式滑翔机，否则它不太可能带来同等程度的刺激和挑战。

第八，物品不会像体验那样让我们幸福，因为过于专注获取财物会付出很大代价。正如我将在下一章中更详细阐述的那样,物质主义者报告说,他们对生活的满意度更低,更缺乏生活意义,社会关系更空虚,更没有安全感,也不像非物质主义者那样受人喜欢。[24]

总而言之,关于体验优于财物的研究非常有说服力,我们所有人,尤其是那些经济拮据的人,都应该很好地采纳它的建议。然而,我们需要记住的一点是,财物也能让我们幸福,只要我们能把它们变成体验。我们可以带着家人和朋友开着我们的新车去冒险,我们可以在刚买的游艇上举办派对,我们可以利用新买的智能手机练习自我提升项目。

把钱花在许多小的乐事上,而不是花在几个大的乐事上

人们通过研究强化积极体验的情感益处提出了一个简单的节俭策略,其中的积极体验是细水长流、经常出现的,不是极度强烈、一举完成的(例如,在饭店多举行几次普通的晚餐,而不是一次性的胡吃海塞)[25],是分散进行的,不是集中完成的(例如,分几个星期合理安排观看我们最喜欢的电视连续剧《黑道家族》,而不是纵容自己一次观看好多集)。[26] 因此,尽管广告商可能不是这样告诉我们的,但我们应该把钱花在一系列小的、断断续续的乐事上(例如,鲜花或给亲密的朋友打长途电话),而不是花在昂贵的设施上(例如,昂贵的音响系统)。

事实证明,这种做法既令人满意,又相对便宜,原因是我们在享受积极的体验时——无论是一部扣人心弦的电影,在按摩椅上按摩半个小时,还是一块美味的柠檬蛋糕——美妙的体验就在最初的那一刻。[27] 换句话说,每过一分钟、一小时或一周,我们享受同样体验的能力就会降低。然而，中断一段时间之后，我们的享受能力又可以恢复如初。[28] 因此，把我们的消费分成更小的剂量，并分割成不同的时间段，就能成倍地增加"最初的美妙体验"，增加我们的幸福感。如果我们把一块苦中带甜的巧克力切成小方块，每天吃一小块，而不是一次全部吃完，那我们就可以从中得到更多的享受。如果我们把自己的零用钱（无论多少）分成几份，每星期分给自己一两次，那我们就会得到更多的快乐。举个例子，一位研究人员采访了英国所有不同收入水平的人，发现那些经常让自己参加便宜的野餐会、享用极品咖啡和珍藏版DVD（数字通用光盘）的人对自己的生活更满意。[29] 也有一些专家发现，无成本或低成本的活动可以在短期内小幅提升幸福感，逐步累积之后可以对幸福感产生长期较大的影响。[30]

循环创造幸福和租借幸福

另一套策略也可以帮助我们从最低的薪水中获得最大的满足感，其中包括一些节俭的做法，比如租房而不是买房，以及最大限度地利用我们现有的财物。在生活中寻求变化和新奇的体验是人类的本能[31]，因而这种天生的动力无疑是我们许多人感到每周需要购买新东西的原因之一。然而，追求变化不一定需要挥霍无度，也不一定需要付出高昂的代价。相反，我们可以更加关注和珍惜我们已经拥有的财物，循环创造幸福。正如诗人艾伦·金斯伯格所言："如果你能感觉到有两倍的地毯，那么你就拥有两倍的地毯。"[32]

我们也可以采用全新的方法使用我们现有的财物和购买的物品，以此循环创造幸福，这可以免费为我们带来一系列积极的体验和积极的情绪。比如，我们可以把我们的公寓或汽车拿出来与朋友合租，或者利用 iPod 学习手语，以此重新规划我们的财物，将其用于各种活动。我们可以有计划地以不同方式使用我们的花园，或者贡献我们的自行车和电脑，以此来寻找新的机会和友谊。我们可以掸去瑜伽垫上的灰尘，开始新的健身计划，或者重读书架上的所有经典著作。我们可以把洗衣机和烘干机借给有需要的朋友。

即使是很久以前有过的购买体验（比如，家庭旅行）或购买所得（比如，房子或汽车），我们也可以通过品味和回忆获得乐趣。翻阅相册或观看以前的视频剪辑（比如，我们在大峡谷的照片，我们骑摩托车的照片）可以帮助我们重温当时的积极体验和感受。[33] 在回忆往事时，照片可能会让我们想起我们已经忘记的某个愉快、有趣的细节，比如那个和我们打趣的可爱的服务员，或者那场把我们淋成落汤鸡的暴雨。关注我们当时的快乐——比如，回想起很久以前的某次度假，或者穿上我们曾经非常喜欢的那件旧牛仔夹克——能够增加我们的幸福感。我们可以仔细品味这种幸福感：闭上眼睛，沉浸在某种回忆、气味或声音中；与他人分享这种体验；反复体会这种快乐，不要思虑过多。通过这些方式，在脑海中重温那些难忘的经历以及很久以前买过的东西，仍然可以给今天的我们带来快乐。不要让我们花钱买来的东西和体验尘封在架子上、衣橱里和记忆中，而要在当下（比如，取出那个已经褪色的智力游戏棋盘）或回忆中（比如，追忆那个假期）重新体验它们，这样既能够节省金钱，减少我们的生态足迹，又能够感到快乐。

另一种可以提升幸福感的节俭策略是租借幸福，这种策略听起来不太光彩，因为我们中的许多人都认为，与租借来的东西相比，我们从自己拥有的东西中获得的幸福感要多得多。[34] 然而，我们的这种经验只不过反映了一种众所周知的认知偏见，这种偏见让我们以为只有在拥有某样东西（事实上是所有东西）之后才会更喜欢它。然而，像大多数存在偏见的思维一样，我们只需要一点点的努力和技巧就能够克服这种偏见。买书和从图书馆借书、买 DVD 和租借 DVD，或者购买山中小屋和租借山中小屋之间的成本差异往往非常巨大。然而，我们不需要因为没有所有权就对租来的电影、图书或小屋感到不那么满意。事实上，租借来的物品不存在所拥有的物品具有的那种边际效用递减规律，因为随着时间的推移，我们从后者获得的快乐越来越少。此外，租借来的东西能让我们享受更多的变化，从而获得更大的乐趣，因为我们每次都能租到不同的东西，或者去多个地方的山中小屋旅行，而不是仅仅局限于某个地方。此外，租赁行为无须承担购买商品时经常出现的费用、麻烦和压力，比如故障、损失和维修。举个例子，我们思考一下在收入、健康和居住条件上比较相似的两组个体。他们之间唯一的区别是，一组个体有自己的房子，而另一组个体只有租来的房子。研究人员发现，与人们普遍认同的"美国梦"相反，拥有房子的人比租房的人更不幸福，有房子反而带来更多的痛苦，需要花更多的时间做家务，与朋友和邻居交往的时间也更少。[35] 因此，如果你买不起生活中许多能带来满足、快乐或使日常生活更轻松的东西，那就干脆把它们租借回来。

减法生活的好处：安贫乐道

2008 年，世界遭遇了可怕的经济危机，导致公众对我们当前生活方式的衰落感到极度绝望，只有少数人保持乐观。正如我们所知道的那样，悲观者公开宣称我们的生活已经到了穷途末路。相反，乐观者预测，迫在眉睫的经济危机造成的冲击和影响以及四处蔓延的不安全感会改变我们的态度，改善我们的消费行为，并最终赋予我们的生活更大的意义，能让我们更加珍惜拥有的一切，并培养我们迫切需要的对物质文化的厌恶感，因为这种文化已经渗透到生活的方方面面，危及我们的星球。支持这一观点的专家们已经证明，应对生活逆境中的厄运需要对我们相对较好的运气表达感激之情（而不是渴望得到更多），需要培养与家人和朋友之间的情感联系，需要培养能力和专业技能，并从自身出发，愿意帮助他人。[36]

这只是不得已的老生常谈，还是说真能做到安贫乐道？许多人觉得他们挣的钱太少，无法真正享受生活。如果有人对他们说他们的艰苦生活也有好的一面，他们会觉得那是在侮辱自己。我打算从其他方面说服他们，尽管我的观点只适用于那些没有因为财政状况或挫折而穷到无法满足其基本需要的人。研究表明，对金钱、时间、消费和财产的全新态度可以激励人们以之前从未想象过的方式应付裕如，为社会做出更积极的贡献，通过合作和相互依存而蓬勃发展，在世界上生活得更真实、更轻松。以下是一些具体的方法，可以让我们在钱财不多的情况下依然能够改善生活质量，并且能够挑战"没有钱谁也不能幸福"这一神话的真实性。

齐心协力

钱财较少意味着我们更有可能团结起来，齐心协力，关心他人，互相帮助。我们都听过这样一些故事：20世纪30年代的经济大萧条时期，家家户户围坐在壁炉旁，听收音机，玩棋类游戏，散步，参观博物馆，以及从事其他一些免费或低成本的活动。这显然是对当时的艰难岁月进行美化之后的理想化刻画（大家不妨想象一下，当你搬回去和父母住在一起时，你和他们之间会产生多么"美妙"的体验，就像我们的朋友去年被迫做的那样），但这幅画像却道出了生活的真谛。此外，如果你的工作被取消或削减，你可以选择花更多的时间从事社区服务工作。如果你有宗教信仰，可以求助于你的信仰团体。所有这些选择都是积极向上的。

转变观念，改变优先事项

失业可能会给我们提供一个理想的机会，可以寻找我们热爱的工作。失去一切的感觉可以激发我们的雄心壮志和巨大动力，即使只是因为我们别无选择。如果我们周围的人都被解雇了，而我们却没有丢掉工作，这可能会激发我们的感恩之心，因为我们仍然有工作（即使我们过去常常无休止地抱怨自己的工作），也会激励我们全力以赴地投入工作。认识到金钱并不是生活的全部之后，有助于我们把生活的重心转移到真正重要的事情上，比如我们的家庭、我们的健康、世界和平，或者大自然的美丽。在生活很艰难的时候，细数我们的幸事，细细品味生活中的点点滴滴变得更加重要。在生活很艰难的时候，我们意识到自己比想象的更坚强，更有能力照顾好自己和我们所爱的人。

发挥创造力

当我们有很多钱的时候，我们可以径直走进商店，买我们最想得到的东西。当我们囊中羞涩的时候，我们被迫学着如何做出艰难的选择，再三考虑哪些东西真正值得买、哪些不值得买。我们还要被迫地发挥想象力，思考如何得到我们需要的东西。在 2008 年美国经济衰退最严重的时候，车库的销量激增，人们把"不需要的东西"处理掉，卖给其他需要的人。还有一些人则开始使用颇具创意的物物交换的方法实现同样的目标。难怪创新和企业会在经济衰退时蓬勃发展。[37] 白手起家给我们带来了冒险和重建的自由。

生活节约

我们拥有的财物越少，破坏环境的可能性就越小，因为我们买得更少，消费得更少，更少开车。我们会放慢生活节奏，耗费资源较少。为了节约，我们更可能会穿上毛衣而不是打开暖气，或者外出步行而不是开车。同时我们也会减少浪费，更有可能重复使用旧的东西，比如亚麻制品、玩具、罐子等，而不是把它们扔掉，而且我们不会浪费每一粒粮食。

一点补充说明

总而言之，经验和事实都表明，少花钱的生活具有明显的好处。然而，我不想贬低或轻视那些不仅被剥夺了奢华生活，而且缺乏基本生活保障的人面临的困难和窘境。当家人移民到美国的时候，我还很小，但我对那种靠薪水勉强度日的生活带来的焦虑和无助记忆深刻，难以忘怀。我依然记得当时我的家人害怕发生意外事故（比如，汽车故障、生病等），因为这将破坏我们的整个生活。我还记得因为得不到我的同龄人的衣服或玩具而遭受的痛苦。我有点儿像那些在 20 世纪 30 年代长大的人，他们从来没有丢掉节俭的习惯，我从来没有忘记过贫穷的滋味。然而，在我其他难以磨灭的记忆中，大多数都是家人每天晚上围坐在餐桌旁，吃着火鸡排和炸土豆条，聊上几个小时的政治、文学和电影，并畅想着我们的未来。所以，我的记忆并不完全是惨淡凄凉的，但如果当时我能够明白现在所知道的一切，那我的家人可能会更好地利用这一切，能够生活得更幸福。

小结

有些人认为必须承认，因为一个巨大的不幸或一连串的小挫折、厄运，我们可能会破产很长一段时间。也有一些人认为只能责怪我们自己，因为可能是由于我们在如何花钱、消费和超支方面做出了错误的选择，或者由于我们缺乏意志力、不够勤奋、缺乏动力，才过得捉襟见肘。对于大多数人来说，答案可能复杂得多。但是，不管原因是什么，如果我们的直觉告诉我们，没有足够的金钱，我们就不会幸福，那么一定要仔细考虑一下我在本章中提供的信息，它会告诉你其实不然。采用上述四个节俭原则中的一个或多个——越早越好——不仅可以防止经济灾难，而且可以帮助你从最小的事情中获得最大的幸福。你不要纠结于自己的不幸，并念念不忘，应当想方设法让自己安贫乐道，量入为出。

第七章
如果有钱,我就会幸福

杰克·巴恩斯穿着一件鲜艳的橘黄色格子衬衫接受我们的采访。他系着一条海军蓝条纹丝绸领带,戴着卡地亚手表,头发梳理得油光锃亮。对于一个50岁的男人来说,护发品用得有点太多了。在他介绍了自己在夏威夷那套价值250万美元的别墅后,我更能理解他的皮肤为什么那么黝黑、光亮了。杰克说话时透着自信,甚至有些自负,但他很友好,也很聪明。我们在一家高级餐厅见面,他让我随便点菜单上的菜。我要了一份红薯薯条,他皱着眉头说道:"有没有搞错啊,薯条的热量太高了。"

从4岁起,杰克就梦想着成为一名医生,在当年万圣节那天,他穿着医生的外套,把自己打扮成一名医学博士。他说:"我们从小常常有各种各样的梦想,比如想成为间谍、牛仔、小丑等,而我一直想当一名医生。"杰克就读于布朗大学,毕业时获得了一系列的学术荣誉、几个运动奖杯,医学院入学考试成绩(MCAT)近乎完美。说到这里,杰克露出了得意的微笑,告诉我他只申请了排名前三的三所医学院,结果全部被录取了。他说:"我对自己的人生做了完美的规划,把所有的事情都安排得井井有条，因为我十分清楚自己将来想做什么。15 岁时，我就知道我的专长是医学整形，因为我知道我想让人们觉得自己漂亮。如果能告诉人们，'看，你想变成这个样子，一会儿我就可以把你变成那个样子'。这种感觉太棒了，有点儿扮演上帝的味道，能够重新创造人类的生活。我可以决定人们的长相和感受。"

杰克在 30 岁的时候就拥有了自己的私人诊所，生意很兴隆。一个朋友把他介绍给他未来的妻子，但她当时对他并不感兴趣。"我告诉她她很漂亮，请她和我约会。当时我变得婆婆妈妈、絮絮叨叨，一心想跟她交往下去。第一次见面之后，我每天晚上都给她发短信。最后，她回电话拒绝了我。我告诉她她是个傻妞，因为我们马上要结婚了。两个月后，我向她求婚，从此我们坠入爱河。"

杰克和他的妻子婚后的生活十分幸福，两人经常一起旅游，陶醉于杰克事业上的成功。随着业务的发展，杰克利用自己的专长推出了一种非常赚钱的业务，专门为纽约、康涅狄格州和马萨诸塞州的社会名流服务。钱进进出出，在 4 年的时间里，杰克买了两套度假屋、两辆跑车和一艘豪华游艇。杰克说："我的钱多得不知道该怎么花。我的意思是，我和妻子什么都不需要了。奢侈品应有尽有，如名酒、钻戒、乡村俱乐部。我赚的钱多得数不清。"

有一段时间，杰克非常享受自己事业有成、生活富足，他喜欢金钱带给自己的力量。但很快，他注意到自己工作和生活方式中的意义开始慢慢消失。他说："我感觉缺乏动力，早上起不来床。现在想起来依然记忆犹新，当时真的觉得十分疲惫。之前我一直很有精神，早上 5 点半起床，然后前往健身房锻炼。8 点开始接诊第一个病人，一直工作到中午。在办公桌前对付几口午饭,然后再回来工作到晚上 8 点。最疯狂的时候,我一天 24 小时连轴转,没日没夜地接诊病人。"于是杰克开始抗争,不再接诊新患者,也开始向妻子谎报接诊病人数量。

从这一刻起,在意识到尽管自己已经拥有想要的一切,但却非常痛苦的时候,杰克开始去看一位著名的心理医生,每周三次。"有一天,我躺在医生那里,又感到空虚无助。G 医生说,'你为什么不做点别的事情呢?很明显,你现在所做的并不能像过去那样给你带来快乐。你想痛苦地死去吗?'。他的话如醍醐灌顶,一下子让我清醒起来。我不能痛苦地死去。之前我从未想过要改变自己的关注点,也没想过要改变自己的生活方式,一直觉得自己应当一如既往,尽我所能做到最好。"

我问杰克,他具体是在什么时间意识到金钱和成功不再使自己感到幸福。他说这种感觉是一阵一阵的,但决定性的那一刻出现在一个新病人前来就诊的那一天。经过数次磋商,那位病人问她是否可以在圣诞节那天进行隆胸手术,因为她只有那天有空。她给杰克开了一张 7.5 万美元的支票作为定金。杰克说:"我记得当时我盯着那张支票看了半天。就是从那一刻起,我决定不再这样生活下去了。"[1]

假如我们不是意识到自己已经失去一切,而是像杰克那样,意识到我们似乎拥有了一切——至少表面上看起来如此——但我们仍然不快乐,那该怎么办呢?从某种程度上说,我在这里关注的危机是前一种危机的翻版。也就是说,我所讨论的是那些我们最终实现目标的时刻,特别是赚钱方面的目标,以及随之而来的常常出乎意料的状况。

为什么？因为我们陷入了这样一种假设的陷阱：一旦获得了财富、成功或任何我们梦想的东西，我们就会永远幸福，而当这种幸福被证明是可望而不可即或昙花一现时，我们的情绪就会变得非常复杂，会感到失望甚至沮丧。这种经历令人遗憾，因为它们本来是可以预防的。在本章中，我会解释像大发横财、一夜暴富这样的过程是对非常积极事件（而不是前面讨论的更常见的生活变化）的享乐适应，从而揭开这一过程的神秘面纱。理解了享乐适应在我们对这一危机的反应中扮演的角色（直到我们最后度过危机），不仅可以帮助我们为那一时刻做好准备，而且能够增加我们胜出的机会，可以让我们朝着积极的方向健康发展，避免畏首畏尾、犹豫不决，避免心生不满情绪。

钱并不如人们吹嘘的那样无所不能

我的博士生导师非常喜欢说的一句话是，生活中很少有事情像它们吹嘘的那样。这一点智慧之见特别适用于财富。我们经常想象如果自己赚到第一笔百万巨款或买到第一座梦想中的海滨别墅会如何如何，但梦想实现之后我们的感觉远没有想象中么兴奋，即使非常兴奋，这种快感也不会保持很久。[2] 更糟糕的是，我们的满足感常常只能维持很短一段时间，用莎士比亚的话说[3]，我们只能获得"转瞬即逝的快乐"，除此之外再无他物。这就会造成极大的危害，破坏成功所带来的幸福。

为什么会这样？首先，任何事情我们只能有一次初次体验，永远不可能有第二次。比如爬山爬到山顶，或者达到事业巅峰，都是这个道理。到达顶峰前的时刻，也许几周或几年，可能会让人精疲力竭，但同时也令人兴奋不已。当梦想即将实现的时候，人们会表现得兴奋、自信甚至大胆。据说，在飓风即将来袭之前，人们会表现得非常专注，加强与人的联系，积极参与防险抗灾活动。[4] 当我们已经成功或即将成功时，也会有这种表现。这种感觉很美妙，不过只能持续一段时间。心理学教授泰勒·本·沙哈尔在其著作《幸福超越完美》中描述了他成为美国最年轻的壁球锦标赛冠军后的成就感和发自内心的幸福感，但那种感觉只持续了三个小时。[5]

我们中的一些人也有过类似的经历，人们对最后功成名就或发大财的满足程度似乎会下降，其下降程度与距离成功起点的距离成正比。有趣的是接下来的变化。对沙哈尔来说，胜利的那一刻几乎马上就会让他意识到，自己的胜利并没有那么重要，他真正渴望的是获得世界冠军，于是他立刻开始训练。整形外科医生杰克·巴恩斯接受了心理医生的建议，没有轻率地做出任何决定。相反，他进行了为期三周的静心清修，每天都在反思，不与任何人交谈。清修结束后他带着一种全新的自我意识回来了，毅然决然地将自己的部分业务转向为没有医疗保险的家庭提供无偿服务，修复儿童和成人的先天性身体缺陷和意外伤害造成的破相。如今，50多岁的杰克已经在南美资助了4家流动颅面外科诊所，并经常作为医疗志愿者前往那里进行唇腭裂修复手术，一直坚持到现在。

与此相反的是，一个财大气粗的开发商（他曾在机场让我搭乘他的豪华轿车，一小时的路程中我们聊了一路）向我讲述了他"29岁成为千万富翁"的经历。"暴富带来的空虚"让他最终开始酗酒，并染上了严重的毒瘾。多年来他一直在走下坡路，直到父母痛骂了他一顿之后，他的生活才有了转机。我采访过的一个对冲基金经理安东尼告诉我，在大学毕业后 10 年时间里，他发现自己的赚钱能力超过了所有家庭成员、朋友和以前的同学。他没有感到欣喜若狂，反而发现自己被成功带来的内疚感吞噬了。他能明显感觉到别人要么嫉妒他，要么贬低他认为自己应该得到的东西。我还认识一位女演员，她在 40 岁出头的时候达到了事业巅峰，当时她的表演收入超过了许多同行。同样，她也没有感到幸福，反而表现得极度缺乏安全感。她说，如果自己的这种魅力和"鹤立鸡群的感觉"无法继续下去，她就会自杀。

其中一些例子虽然看起来有些极端，但却反映了一种被金钱和成功"宠坏"或"诱惑"的感觉，以及之后的表现。当我们最终达到事业巅峰时，我们会感到兴奋，而当这种兴奋无法持久时（通常如此），我们可能会感到空虚失望，缺乏满足感。毕竟，人类的天性是欲求不满，而不是浅尝辄止，是不断追求，而不是安于现状。[6] 研究表明，在经历了极其积极的事情之后，轻度积极的经历（比如和朋友共进午餐）会变得索然无味，而轻度消极的经历（比如堵车）则会变得极度消极。[7] 人们对成功消极反应的另一个原因是，即使是期盼已久的功成名就和荣华富贵也会干扰和扰乱我们的生活（例如，需要搬家或承担新的不熟悉的工作）、我们的角色（例如，从研发转向管理），以及我们对自我的看法。无论这些变化多么积极，它们都会带来压力，因而极有可能引发情绪失调、疾病甚至导致住院。[8]

对金钱的思维定式：财富 = 成功

对许多人来说，金钱和成功是一回事。在最近一项针对美国大学新生的调查中，当279所大学的20余万名学生被问及他们最重要的人生目标时，77%的人毫不犹豫地选择了"经济上非常富裕"这一项。[9] 富裕可以带来许多便利和优势——除了能让我们购买更多的东西之外，还能够帮助我们结识可能成为我们伴侣的人，可以提供安全与稳定——但一个不可避免的事实是，我们会对金钱习以为常。例如，经济学家发现，仅仅一年后，收入增长带来的好处中的2/3就被人们忘记了，部分原因在于我们的支出和新"需求"也随之增长，而且我们开始与收入更高阶层的人交往。[10] 此外，正如我在上一章所阐述的，虽然有更多的钱可以提高我们对生活的满意度，但它对我们每天的积极和消极情绪以及我们所经历的好事和烦恼几乎没有任何影响。[11]

一开始，更多的财富能给我们带来更高的生活水平，而更多的舒适和奢侈能给我们带来更多的快乐。但不久之后，我们就习惯了——或许甚至"沉迷于"——更高的生活水平，以致我们不再感到满足，除非得到更多的财富，进一步提高生活水平。然而，我们这些不熟悉心理学和经济学最新研究结果的人却未能预见到这一发展趋势，最终想当然地认为，财富的增加一定能带来比我们实际得到的更多的幸福。[12] 此外，当我们没有获得预期的快乐时，我们会认为错误不在于人性，而在于我们没有买到合适的东西，结果又促使我们径直奔向商场、房地产商或汽车经销商。

两个多世纪前，亚当·斯密就预言，人们会对金钱以及金钱带来的物质财富习以为常，于是他撰文讨论了社会规范如何创造新的"必需品"，让没有得到这些东西的人感到惭愧。[13] 举一个斯密时代没有的例子，一旦我们在坐商务舱旅行时发现与我们收入相当的人也坐商务舱，我们就无法再坐经济舱了。

说到收入平等，似乎同等社会地位的人的收入比我们自己的收入更能决定我们的幸福指数，无论我们的收入多么丰厚。换句话说，普通人（不过，正如我们前面所了解的，不是最幸福的人）更关心人与人之间的比较、地位、等级和所谓的显示地位的商品，而不是自己银行账户或声誉的内在价值。1998 年的一项著名研究表明，人们宁愿生活在年薪 5 万美元（其他人年薪 2.5 万美元）的世界里，也不愿意生活在年薪 10 万美元（其他人年薪 20 万美元）的世界里。与此类似的是，英国的研究人员已经证明，人们宁愿捐出自己的一些钱，如果这意味着其他人得到的钱会更少。[14] 总而言之，我们习惯于有钱的原因有很多，而其后果是不受欢迎的。

消费成本与物质主义

我们拥有的钱越多，就越习以为常，想要得到的也越多。这一事实有两个潜在的有害结果，其中一个不如另一个吉利。第一，我们不能充分享受我们的财富。第二，为了获得同样的快乐，我们会迫切想要大量购买和拥有更多的财物，这会让我们走上难以控制的追求物质主义的贪婪之路，结果花的钱越来越多，从中获得的幸福却越来越少。

当看到自己身上的物质主义倾向时，所有人都能意识到吗？如果你不确定,请评估一下你在多大程度上同意下列每一项陈述(1= 非常不同意,2= 不同意,3= 中立,4= 同意,5= 非常同意)。[15]

1. 我羡慕那些拥有豪宅、豪车和昂贵衣服的人。
2. 我拥有的东西很能说明我过得怎么样。
3. 我喜欢拥有让人羡慕的东西。
4. 就财产而言,我尽量使自己过得简朴。
5. 购物能带给我很多乐趣。
6. 我喜欢自己的生活中有很多奢侈品。
7. 如果能拥有一些我没有的东西,我的生活会更好。
8. 如果我能买得起更多的东西,我会更快乐。
9. 有时我很烦恼,因为我买不起我想要的所有东西。

要确定你的物质主义倾向得分,首先要对你的第四项评分("使自己过得简朴")进行反向评分,也就是说,如果你给自己打了 1 分,把它划掉,改成 5 分;如果你给自己打了 2 分,把它改成 4 分;把 4 分改成 2 分;把 5 分改成 1 分。然后把这 9 项得分加起来,计算出总分。研究人员发现,人们在这个分析中的平均得分为 26.2 分。这意味着,如果你的大多数回答倾向于"中立",有一两项属于"不同意",那么你的物质主义倾向处于平均水平。如果你的得分接近 36 分(同意大部分项目),那么相对于你的同辈人,你的物质主义倾向得分位列前 20%。[16]

为什么识别物质主义倾向很重要?大量研究表明,物质主义会损耗我们的幸福,威胁我们对人际关系的满意度,危害环境,使我们变得不那么友好、可爱和善良，使我们不太可能帮助他人、奉献社会。[17]

首先，肆无忌惮的物质主义会在宏观层面造成破坏，包括助长经济泡沫、繁荣和萧条这一恶性循环，毁灭地球，因为物质主义者通常会占用更多的世界资源，不大关注参与环保行动。[18]其次，在个人层面上，物质主义者对自己的生活不那么满意和感激，目标不那么明确，总体感觉能力一般，反社会倾向更明显，与他人的联系较少。事实上，在涉及人际关系时，那些具有物质目标的人不仅对自己的社会交往评价比较消极，而且总体上人们对自己与物质主义者的关系也不太满意。[19]

不是每个成功的人都注重名声、权力和财富，也并不是每个人都感染了所谓的富贵病病毒。[20]但是，当我们被金钱和奢侈品包围时，我们的幸福就有可能受到威胁。正如诸多哲学家、宗教人士和人本主义心理学家长期以来所认为的那样，对金钱和名誉的追求将我们的精力与激情从更深刻、更有意义的社会关系及成长经历中转移出来，阻碍我们充分发挥自己的潜力。当我们把更多的时间花在赚钱上时，阅读诗歌、与孩子玩传球游戏或者与朋友散步的机会"成本"就变得非常高，做这样的事情显得"不理智"。[21]因此，我们更应当学习研究如何避免过度消费和物质主义，学习如何快乐地花钱。

金钱如何让你快乐

美国梦源于美国的《独立宣言》，但首次提出来其实是在1931年，其中始终包含对成功和物质财富的渴望。[22]然而，随着时间的推移，我认为传统的美国梦已经发生改变，从单纯地想要一夜暴富变成既要拥有财富，又要享受幸福。正如雷克萨斯汽车的一则著名广告所言："谁说金钱买不到幸福，谁就不会合理地花钱。"[23] 如果我们想最大限度地享受金钱带来的幸福感，请遵守心理学家提出的 6 条原则，下面介绍其中的 4 条，另外两条（关于把钱花在体验上和把钱分散花在这些体验上）我们已在上一章介绍了。[24]

把钱花在能满足需求的活动上

如果金钱不能让我们幸福，那很可能是因为我们把钱花在了与邻居攀比、炫富，以及炫耀我们的外表、权力和地位上。因此，问题不在于金钱本身，而在于我们花钱的方式。也许从金钱中获得最大幸福感和成就感的最直接可靠的方法是追求能满足需要的活动，例如，把钱花在个人发展上，花在个人成长上，花在人际关系上。换句话说，能带来最大情感收益的购买或花费与那些至少满足人类三种基本需求之一的目标有关，即能力（感觉自己有能力或有特长）、人际关系（归属感和与他人有联系）和自主性（掌握和控制自己生活的感觉）。[25] 研究人员已经证明，这样的活动能带来幸福，并且同样重要的是，它不会刺激人们的欲望，不会让人欲求不满。[26]

总之，把钱花在能满足需求的目标上，比如掌握一项新的运动，庆祝朋友取得的成就，或者带着侄子去旅行，可以激发"积极向上的人生态度"。也就是说，这能够让我们心情舒畅，保持乐观，行为善良，能够互相促进、影响和感染。[27] 比如，我为我的小提琴添置了优美动听的琴弦，这会让我很开心，结果我的女儿也开怀大笑，给我一个拥抱，这会让我感觉良好，心存感恩，于是我会给老公奉上他最喜欢的咖啡，从而巩固了我们的婚姻。有时，你会惊讶地发现，把钱花在一件事情上——在上面这个例子中，指的是能让人产生满足感的爱好——竟然能引起如此多的快乐反响。

我们应该把钱花在哪些类型的活动上才能满足我们对能力、自主性和人际关系的需求？这取决于个人。对有些人来说，可能是购买能够提高其法语水平的软件，前去拜访一位老朋友，或者给老师买一个精美的礼物。对有些人来说，则可能是完全不同的东西，这取决于他们的具体情况、喜好和才能。此外，很多活动不仅当时就能带来快乐，而且能同时满足多种需求。例如，到偏远地区救助自然灾害的受害者（或进行唇腭裂修复手术），既是为社会做贡献，也是学习基本护理或建筑技能的机会，同时也是建立新的长期人际关系的机会。事实上，把钱花在能满足需求的活动上可能比其他任何策略都更划算。

把钱花在别人身上，而不是自己身上

有钱意味着我们有能力为社会做出巨大贡献，甚至可以改变世界。无论是通过慈善活动（例如，向当地学校捐款或帮助整个国家进行免疫接种），还是与家人和朋友分享我们的财富，我们的钱可以对我们自己和他人的幸福产生深刻影响。也许有些人会感到惊讶，个人越富有，其收入用于慈善事业的比例就越小，比如，年收入超过 30 万美元的美国家庭仅捐出收入的 4%，而亿万富翁捐的钱更少。[28]

英属哥伦比亚大学教授伊丽莎白·邓恩和她的合作者进行了一系列开创性的研究，试图验证金钱可以买到幸福的观点，但前提是钱是为社会服务的，也就是说，把钱花在别人身上，而不是自己身上。[29] 首先，他们对全美 600 多名居民的消费习惯进行了抽样调查，发现他们在给别人买礼物和慈善捐款上花的钱越多，他们就越幸福。值得注意的是，他们为自己买礼物、支付账单和各种花销所花金钱的数额与他们的幸福感无关。接下来，研究人员对员工在获得一笔可观的意外之财（公司奖励他们平均 5000 美元）之前和之后提出了类似的问题。令人惊讶的是，奖金对员工幸福感的提升幅度既不取决于奖金的多少，也不取决于奖金是否用于为自己买东西、支付账单或开支、交纳抵押贷款或房租。真正影响员工幸福感的是，有多少奖金被花在了慈善事业或为别人买东西上。

这两项研究是互相关联的，这意味着我们不能妄下结论，认为只有把钱用于服务社会才能带来更大的幸福感，反之则不然。为了确定因果关系的方向，还是这批研究人员做了另一项实验，随机接触在英属哥伦比亚大学校园里碰到的人，递给他们每人一个信封，里面装了 5 美元或 20 美元，要求他们中一半的人把信封里的钱花在自己身上，用于支付开支、账单或礼物，要求另外一半的人把钱花在慈善捐款或给别人买礼物上。活动要求信封在早上分发出去，下午 5 点之前必须把钱花完。当天晚上，当研究人员与活动参与者联系时，那些把钱花在别人身上的人（无论是 5 美元，还是 20 美元）明显比那些把钱花在自己身上的人更快乐。事实上，即使是想一下把钱花在别人身上，也会比想着把钱花在自己身上更幸福。这种效应不仅在北美人身上得到了体现，在东非人身上也得到了体现。[30]

为什么把我们自己的钱花在别人身上会让我们幸福，这个研究结果似乎太明显了，无须解释。[31] 当我们把钱给别人时，我们不仅觉得自己比较积极向上（也就是我们富有同情心，愿意无私奉献），而且觉得对方也是如此（他们值得我们帮助和尊敬）。我们对这个世界和我们周围的贫困和苦难会感到不那么痛苦，对自己的好运会更加感激，不再纠结于自己那些无关痛痒的小问题。当然，与他人分享财富——如果不是匿名分享——也会促进积极的社会互动，产生新的友谊和关系，并改善原有的关系。由于所有这些原因，正如我的实验室做的实验表明的那样，慷慨或友善是增进和维持幸福感最有效的方法之一。[32]

即使是那些收入微薄的人，也能将自己收入的一小部分贡献给他人。像杰克·巴恩斯这样富可敌国的人也十分幸运，因为他们有能力用自己的钱改变生活。我们的钱可以援建医院或学校，可以为饥饿的人提供食物，为生病的人提供医疗保健，为文盲提供教育。从更微观的层面来说，带同事去吃午饭，带孩子去看马戏，或者带男朋友去看湖人队的比赛，都能给给予者带来比接受者更多的快乐。

用金钱换时间

在我们生活的这个时代，时间被认为是比金钱更重要的资源。当然，这种观点并不总是正确的，对许多人和文化来说并非如此。但如果你幸运，就可以有足够的金钱为自己提供充足的闲暇时间。具有讽刺意味的是，在美国，人们拥有的财富越多，工作的时间就越多（欧洲的情况似乎正好相反[33]）。

如果我们能花钱创造更多的"闲暇"时间，例如，减少我们的工作时间（因为我们已经赚得足够多了），或者花钱请人做一些耗费时间的杂事（比如，修理管道，在邮局排队，填写冗长的文件，给航空公司打电话等），那我们就可以有时间享受生活，因为实验和事实都证明这样的生活能让我们幸福。从本质上说，这些活动包括我之前讨论过的能满足需求的活动，例如，与朋友联络，培养亲密关系，参与社交，品味艺术、音乐和文学，学习新的语言和技能，锻炼技能，以及在我们附近的医院、教堂或动物收容所做志愿者等。很能说明问题的是，这些活动恰恰是濒临死亡边缘的人希望做的，就像珠穆朗玛峰上被暴风雪困住的登山者[34]，希望自己能在日常生活中多花些时间从事此类活动。

这就是问题所在。关键的问题是如何消费我们花钱购买的额外时间。如果我们不去做一些有意义的、积极的、富有成效的、促进个人发展的事情，而是茫无目的地看电视，沉迷于自己的外表、玩物丧志，或者漫无目的地频繁更换工作，那么财富肯定带不来幸福。

现在花钱，但要在期待中享受生活

在购买新东西时，无论是度假，还是买望远镜，一个经常被忽视的快乐源泉就是等待过程中的期待。遗憾的是，我们许多人把期待视为担忧，把等待视为无聊或焦躁。我希望能说服你改变这种观点。现在我们想一想下面这个思维实验，它出自我最喜欢的一项研究。你刚刚得知自己将有机会亲吻你最喜欢的电影明星，比如，一个你非常喜欢的性感而又才华横溢的男演员或女演员（这只是假设，所以假设你目前单身而且有空）。问题的关键是，接吻将在三小时后或三天后进行。你更喜欢哪一种情况？如果你和大多数人一样，那你会选择等待三天。[35] 显然，期待带来的快乐几乎和预期的体验同样重要。

尽管研究人员还没有开展研究，对人们在亲吻自己喜爱的明星之前、之中和之后的幸福指数进行跟踪调查，但他们已经能够通过其他类型的积极体验进行类似的调查。例如，在开始有导游带领的为期12天的欧洲几个城市之旅的一个月前，迫不及待的旅行者对此次旅游的期待大大超过了他们在实际12天旅游中得到的快乐。在对学生在感恩节假期前三天的期望值进行调查时，在对美国中西部地区的人在骑行穿越加州前三周的期望值进行调查时，研究人员也得到了同样的结果。[36] 事实上，在对1 000名荷兰度假者进行调查时，研究人员得出的结论是，到目前为止，从假期中获得的最大幸福感来自等待的那段时间。这一发现表明，我们不仅应该延长这段时间，还应该努力多安排几次小假期，而不是一次性的大假期。[37]

在我们购物之前（比如，购买丰盛的意大利晚餐或者昂贵的香槟酒）和我们实际得到它之间的这段时间似乎具有某些特殊性质，让我们有机会与朋友分享我们的期待之情，享受还没有得到的物品或体验（例如，幻想骑行穿越托斯卡纳乡村），并为此做好计划和准备（例如，在享用五星级大餐前节食一天）。在我40岁生日那天，老公带我踏上了一次充满惊喜的旅行。他没有明确告诉我该准备什么行李，开车把我送到机场，替我拿着登机牌，所以我不清楚究竟要到哪里去。即使上了飞机，我在得知我们将前往旧金山湾区的时候，我也没有猜到这次旅行会给我带来多少惊喜（出乎意料的是，这次旅行确实带来了惊喜）。我的40岁生日是迄今为止我过的最好的生日。当天的晚餐棒极了，我们发誓要用那位大厨的名字命名我们（未必会有的）未来的孩子。[38] 但是这次充满惊喜之旅有一个事先没有料到的缺憾——我无法提前期待它、享受它。

从所有这些研究中得出的一个明显的建议是，我们应该在得到或体验渴望的事物之前，提前几天或几个星期就花钱购买。这样一来，我们就会对未来可能出现的美好事物一直充满期待。当然，自从便捷宽松的信贷政策出现以来，许多人的做法恰恰相反，他们完全遵循经济学原理，采取现在购买、以后付款的做法，而不是现在付款、以后享有的做法。这种相反的方法促进了冲动购物，并且在我看来，它至少鼓励了七宗罪中的四宗（暴饮暴食、贪婪、懒惰和色欲）。[39] 即使我们有能力冲动购买我们想要的东西，这种"即时满足"的购物方式也不能让我们的满足感持续较长时间。[40] 因此，我们应当推迟假期，把勃艮第葡萄酒储存起来，把购买的小商品的发货时间安排在下个月。只有这样，我们才能感到更幸福。

不要让成功放大你的失败

奥斯卡影后戈尔迪·霍恩在她的回忆录中提及，她最初认为跻身好莱坞拍电影会让自己很开心，但事实却并非如此，至少一开始不是这样的。

> 我想我只有在成功之后才明白了这样一个道理……成功只会强化你的本色：坏人会变得更坏；幸福的人会变得更幸福；吝啬的人会把钱积攒起来，一生都害怕会失去这笔钱；慷慨大方的人会一如既往地帮助别人，并努力使世界变得更美好。[41]

我们都有这样的朋友或伴侣，他们会展现或放大我们的个性、偏好和习惯。和他们在一起的时候，我们会变得更慷慨，或者更有男子气概，更聪明，更外向，更狡猾，或更粗俗。如果达到成功的顶峰能激发我们自身最大的优点和最大的缺点，那么现在就是为那一刻做准备的时候。找出你担心被强化的弱点，然后制订一个自我提升计划（根据你祖母的建议、自助类视频，或者完全凭借常识）来克服它。下面给出了一些例子。

你是否对自己雇用或管理的人经常表现得粗暴无礼，比如你的办公室助理，或者家里的园丁、保姆？如果果真如此，那么你在取得成功之后可能会对自己手下这些人变本加厉、吆五喝六。在接下来的4周时间里，当你对某人的工作不满意，想要口无遮拦地发飙时，一定要将对方想象成你的医生、牧师或老板，并相应地给予他们应有的待遇。

我们再看另外一个例子。也许你的弱点是喜欢在网上冲动购物，买一些稀奇古怪的小玩意、为孩子买玩具以及其他你不需要的东西。如果是这样，那么财富的增加可能会加剧你的这种品性。从现在开始，每当你产生购物的欲望，一定要等48个小时，然后再重新审视你的欲望。更好的做法是，在每个月一开始的时候，列出你真正需要的和你真正渴望的东西，给自己设定一个支出限额，规定在第一份清单完成之前不能打第二份清单的主意。

从另一方面来说，你是否经常忘记感恩，是否担心成功可能会让你更难以表达自己的感激之情？幸运的是，你有几个经过实践证明的感恩练习可供选择。你可以下定决心，每周给自己写一封信，仔细思考一下自己好运气的某个不同方面。

小结

当我们最终实现了（至少表面上）很多我们一直想要实现的目标之后，生活就会变得枯燥乏味甚至空虚，因为没有什么值得期待的了。许多成功人士不明白他们为什么没有真正感到幸福，因而可能会得出这样的结论，即成功、金钱或物质财富无法买到长久的幸福。从本章的主要内容可以明显看出，我认为这一幸福神话是错误的。不要成为"快乐水车"[①]的奴隶。我在这里介绍的方法可以帮助你避免遭受好运的负面影响。如果你特别顽强或特别幸运，那你的努力肯定会带来可观的幸福红利。购买幸福的关键不在于我们有多成功，而在于我们如何利用它；不在于我们的收入有多高，而在于我们如何分配它。

---

① "快乐水车"是经济学家所用的一个比喻，指收入增长，但快乐却不相应增长，即所谓的"有钱不快乐"现象。——译者注

第三部分

回忆过去

在青年、中年及以后的每一个黄金时期都会出现许多关键的转折点，包括总结过去、应付当前，以及设法解决任何人都无法逃避的困难，无论一个人多么幸运。在人生的这一时期，我们没有充分发挥的潜能似乎变得越来越突出，我们可能会想之后的一些岁月是否就这样白白流逝，我们渴望再次回到年轻时代，我们会考虑自己的各种遗憾，纠结于各种不可能的假设。并且，在一次结果不太妙的诊断之后，在我们意识到实现许多梦想的机会已然不复存在之后，或者当我们年迈无力、白发苍苍之后，如果我们认为自己再也不可能幸福了，那么这些重要的可预见的人生历程可能会给我们带来危机。因此，我们应当重新考虑这些由恐惧引发的念头，并找出更合理的方法来应对时光流逝，发现生活的意义。

第八章
如果生活发生重大变故，我就不会幸福

有些事情属于某种觉醒或顿悟，也有一些事情是我们无法控制的，不是简单地唤醒我们，而是会对我们造成沉重打击。收到关于健康状况的可怕诊断或坏消息就属于后一类事情。在回忆录《坚韧：面对人生逆境的反思》中，已故的伊丽莎白·爱德华兹描述了自己在得知自己乳腺癌复发后的感受，她深知此次自己在劫难逃。她回忆道：

> 我记得自己当时穿的什么衣服，记得当时的天气，记得医生说了什么，记得约翰（丈夫）和凯特（女儿）坐在什么位置。从第一次在医院的小房间里听到医生说出"癌症"这个词，到后来我和约翰坐在地下室里（里面有一张床和一个水槽）好几个小时，等待骨骼扫描和CT（电子计算机断层描绘）的结果，再到最近我们在病房里听医生说癌细胞已无法控制，已经扩散到身体的另外几处，我原本安静的生活被彻底打破……癌细胞又回来了。我猜想医生的意思是说它从来就没有真正消失。在那一刻，当我确信自己每天都要面对癌症，直到有一天它最终吞噬掉

我的生命，所有活着的理由、死亡的原因，以及（如果可能）我之后的生活方式，不断地在我眼前纷纷起舞：活着，死亡，抗争，屈服，寻求拥抱，主动拥抱……直到最后我从中选了一个舞伴——哭泣、哭泣、哭泣。[1]

当我们不愿意考虑发生在我们身上的这些变故时，或者当我们最担心的事情真的发生时，除了哭泣和绝望之外，我们根本无法想到其他方面，无法想象还能够再次体验幸福。我希望通过本章内容能让你相信，你对这种最坏情况的反应和预感受到了某个幸福神话的控制。面对阳性的检查结果，我们可以做很多事情，减轻你在患病期间的痛苦和无助。事实上，你可以在这个期间发展自我，找寻生命的意义，无数研究都证实了这一点。

乐见所想

在收到不祥的诊断结论时，即使我们不想这样做，也会被迫关注某一特定的信息或问题，并回想起某些具体的细节或症状。然而，即使在这种情况下，当坏事发生在我们身上时，我们对现实的控制能力也比我们想象的要大得多。爱德华兹明白她的病最终会夺去她的生命，这种情况不是她能控制的，她能控制的是病魔在此时此刻夺去的东西。她在回忆录中写道：

> 与病魔做斗争的关键在于，不要让对明天的恐惧左右今天的生活质量……看起来我们似乎无法克服恐惧，但恐惧并不能改变

病情，只会改变我从现在到临终前的体验。[2]

我们有能力决定自己的体验，有能力决定自己过去与未来的生活状态。如果懂了这个道理，那就可能改变我们的生活质量。[3]想想看，在一天中的每一分钟里，你都在选择性地关注一些事情，同时选择性地忽略、忽视、压抑或回避大多数其他事情。你选择关注的事情成为你生活的一部分，其他事情则被抛诸脑后。举个例子，你可能患有某种慢性疾病，你可以把大部分时间都用来思考它是如何毁了你的生活的，你也可以把时间用于健身，用于了解你的侄女外甥，用于精神生活方面。总之，我们可以通过改变我们的态度改变我们的生活。[4]

这种对待疾病的态度生动地体现在一直以来我最喜欢的一句话里，这句话出自1890年出版的《心理学原理》。哲学家威廉·詹姆斯在那本书中写道："体验都是自愿选择的结果，只有那些我注意到的事物才能影响我的思想。"[5]细想之下，这个观点的确有些烧脑，它表明我们的生活体验是我们自己选择关注的结果。如果我们看不见、听不到或感觉不到某样东西，那这样东西就仿佛根本不存在一样，至少对我们来说它是不存在的。为什么有时我们的健康前景似乎黯淡无光，而有时却充满希望？为什么有时时间过得飞快，而有时却静止不动？这是因为我们对世界的体验在很大程度上是由我们所关注的事物决定的。我们生活环境中的无数刺激——当前纷繁的思绪、记忆和期望，生活中其他人的面孔、需求和谈话，周围所有的景象和声音，视线范围内的所有物体，无论是天然的还是人造的——我们最终只会选择（或觉得必须专注于）其中的几个，忽略掉其他所有刺激。这种选择性关注的过程实际上是人类自我调节的结果，有利于人类的生存。人类不可能关注他们感觉到的一切事物。如果他们这样做了，那就会不堪重负，难以承受，变得功能完全失调（例如，精神分裂症，如果不加以治疗，就会导致重度功能障碍，其部分特征是大脑无法过滤掉不相关的信息。精神分裂症患者受到太多刺激的狂轰滥炸，他们很难对其进行甄别）。[6] 事实上，"关注"这个词本身就意味着一种代价——一种带有享乐性质的利害关系，我们必须放弃某些事物，因为当我们专注于一件事情时，我们必然无法专注于其他事情。这种代价既包括我们被消耗的精力，也包括我们必须放弃的其他关注对象。

大多数人都至少认识一个这样的人：此人时常容易走神，每当他走神的时候，我们能明显感觉到他完全进入了自己的小天地。"自己的小天地"这个比喻实际上比我们想象的更准确。不妨回忆一下你上次和一群人聊天的情景，比如和同事一起吃午饭，或者在等着接孩子的时候和其他孩子的父母聊天。当你发现这群人当中不同的人关心的事情完全不同时，你会感到惊讶吗？其中的某个人可能被最近令人心碎的消息搞得心烦意乱，满脑子想的都是这件事。另一个人则心头撞鹿，因为他暗恋的对象刚刚走了进来。而第三个人可能很难关注其他事情，全部心思都在自己疼痛难忍的肩膀上。还有人可能正为自己第二天的工作安排感到焦虑。简而言之，虽然这群人中的这几个人当时基本上处于同样的环境，但他们每个人都生活在一个独立的主观社会世界中。

这使得"现实"到底是什么样子这一问题变得相当棘手。你的现实与我的不同，这种不同来自每个人不同的关注点。影响你我人生故事的记忆也受到同样的约束，我可能会选择（也许是下意识地）记住我早年（甚至昨天）的一些特定事实，而你可能会选择记住一些完全不同的东西。因此，尽管有时两个人的经历完全相同（例如，一起长大或一起照顾生病的孩子），但是当他们回顾过去两人的共同经历时，他们的记忆和感受大相径庭，好像根本没有共同经历过一样。

我最喜欢的一项研究为这种"不同现实"的观点提供了实证支持。[7] 研究人员要求参与实验的夫妇核对一下他们前一周的生活中发生了哪些事情。例如，上周你和你的配偶吵架了吗？一起看电视了吗？有过性生活吗？参加过体育活动吗？和孩子一起解决过问题吗？研究结果令人震惊——丈夫和妻子完全不能达成一致。事实上，随便找个陌生人（无须非得是你丈夫）来填写调查问卷，此人仅凭猜测上周你的家庭生活中发生的事情，就可以给出同你和你丈夫类似的答案。简而言之，这些研究结果表明你的配偶所体验到的"小天地"与你所体验到的"小天地"完全不同。

虽然产生某些独特的"小天地"的原因与多舛的命运带给我们的厄运有关，但研究人员已经发现许多方法，我们可以利用这些方法有意识地改变这些"小天地"。也许在任何情况下，最重要的方法莫过于面临健康危机时需要采取的方法。在本章中，我将介绍一些合理的方法，应对检查结果呈阳性的情况，或者在检查结果出来之前及早养成良好的生活习惯。

你所关注的才是最重要的

心理学证明了这样一种观念，即我们有能力控制我们所见、所关注或所忽视的事物。但是，我们经常面临一个艰巨的任务：决定以一种特殊的方式来看待这个世界，尤其是当发生在这个世界中的各种事件——坏消息、可怕的诊断结果以及每天受到的折磨和侮辱——常常对我们的注意力造成重大影响时。我们如何成功完成这一任务呢？[8]我首先向大家介绍一个公认的极端例子，这个例子是从著名的经济学家兼作家罗伯特·弗兰克那里借来的。

> 一位大屠杀幸存者曾经告诉我，他在集中营里的生活发生在两个不同的心理空间。在其中一个空间里，他敏锐地意识到自己的处境十分凶险。但在另一个空间里，生活似乎异常正常。在第二个空间里，每一天都面临挑战，而他能够相对成功地应对这些挑战，这些日子感觉就像过去的美好时光一样。他解释说，为了能够生存下去，关键是要尽可能多地待在第二个空间，尽可能少地待在第一个空间。[9]

这个人之所以能够做到这一点，用威廉·詹姆斯的话来说就是"集中思想"，或者叫集中注意力。我们所有人都有能力完成这一壮举，尽管可能需要付出许多努力，需要承担许多责任。生病之后人会变得悲观消沉，抵制这种悲观情绪（或者关注困境中的一线希望）会让人感到疲惫，因为这些努力会耗尽我们的精力和精神方面的勇气。因此，一些研究人员认为，我们应该定期放松一下，让我们的注意力得到休息。[10]我们可以通过睡眠来达到这一目的，或者可以更多地依赖我们无意识的或习惯性的行为和思想，尽管那也可能是有害的，因为我们可能有很多不良习惯。

其实，你可以从自然中获得平静。当我们发现自己精神负担过重时，如何才能放松精神，提高注意力，专注于能让我们快乐（或至少不那么痛苦）的事情呢？对此，一个有趣的建议是，多花点儿时间陶醉在大自然的怀抱中。研究人员发现，当我们身处自然环境之中时，比如，坐在橡树底下，观看日落美景，甚至浏览自然风光的照片，我们的感官会吸引我们的注意力（比如，闻着大海的气息，分辨彩虹的颜色）。这几乎不需要付出精神上的努力，思想上可以天马行空随意驰骋。[11] 相比之下，当我们身处非自然环境之中时，比如，坐在金属长椅上，观看飞机起落，或者用手机发短信，我们的注意力会明显受到外力干扰（比如，警车的警笛，丰田车的广告牌），要求我们必须集中精神，才能把注意力转移到其他地方，例如，尽管汽笛声刺耳，要努力阅读文字，或者忽略广告中的图片。这并不奇怪，因为非自然环境（尤其是城市环境）的干扰因素十分强大，无处不在，难以让人得到平静或放松。

因此，城市环境或人工环境会让人疲惫不堪，所以大多数人发现自然环境具有消除精神疲劳的修复作用，大自然能够提高幸福指数，减轻压力。[12] 其实，大自然也能恢复我们的注意力。[13] 在湖里划船，在桦树底下野餐，在花园里除草，或者平躺在地上看云，这些都可以让我们在精神上满血复活，更好地处理生活中的问题。例如，一系列的研究表明，与那些在城市环境中散步或观看自然风光录像的人相比，那些花 15 分钟在自然环境中散步的人不仅可以体验更多的乐趣，而且能更好地解决生活中的小问题，或打发无聊时间。[14]

你还可以从静思冥想中获得平静。培养注意力转移能力（比如，从对自身健康的消极想法转移到对即将到来的旅行的愉快想法）的另一种方法是，通过练习静思冥想来训练我们的思维。静思冥想有很多不同的方式，可能植根于不同的文化传统，依赖不同的技巧，但从根本上来说，大多数技巧有很多共同之处。静思冥想包括放松身体，练习呼吸，关注当下。这通常是在某个特殊的地方进行的，人们会专门为这个目的而选一个地方，远离日常事务的干扰。其核心目标之一是实现内心的平静，不受头脑中不断涌现的那些看似无意识想法的影响。

尽管世界不同地方、不同历史时期的静思冥想技巧千差万别，但比较突出的有三种方法。一是印度教静思冥想中使用的，包括重复某个词语或短语（又名咒语或符语）。二是佛教静思冥想中使用的强调关注呼吸。这恰巧是我们一直具有的能力，或者专注于重复性的活动，比如扫地或叠布（禅宗冥想中使用的）。最后一种方法有点不大好描述，它要求我们的思想在大脑中自由运行，不能干扰它们。也就是说，我们只是被动地观察自己的想法，任其发展，不要对它们进行评判，也不要试图理解它们或赶走它们。在上述每一种方法中，当我们发现自己犹豫不决时（例如，我们被侵入性的想法搞得心烦意乱，或者让我们的注意力游荡于我们的呼吸之外），我们需要监控并承认失败，并重新集中注意力。因此，练习静思冥想的次数越多，我们就越能注意到自己走神的那一刻，也就越能够摆脱不希望出现的事物（例如，"我无法做到这一点"的想法），以及能更好地将我们的注意力转移到心中渴望的事物上（例如，"我很强壮"这种想法）。

人们为什么要进行静思冥想？许多人这样做是为了从日常生活的

琐事、压力和干扰中找到喘息的机会，获得一种平和安宁的感觉，恢复精力和注意力。想要达到这一目的非常困难，需要大量的努力、练习、约束、专注、技巧甚至挣扎。然而，其好处也是巨大的。在促使人们练习冥想（相对于中性活动）的实验中，人们发现静思冥想可以增强同理心（研究表明，在冥想状态下，大脑成像研究中发现了与同理心有关的大脑信号），促进积极情绪的爆发，缓解压力和健康症状，增强免疫功能，甚至能够提高智商。[15]最有趣的发现是静思冥想能对注意力产生有益影响。[16]正如我们所预料的，当我们投入时间、精力和毅力练习静思冥想时，我们的注意力、引导力和转换注意力的能力会显著提高。

我们所关注的、所注意的，以及我们在世界中选择性地看到的至关重要。如果我们选择关注我们仍然有能力爬楼梯，选择忽略总让我们感到内疚的家人，我们实际上是在单枪匹马地、有力地削弱恶劣环境对我们幸福的影响。当面对疾病或任何渺茫的希望时，我们选择关注什么在很大程度上决定了我们的生活质量。

马太效应

- 浓黑巧克力带来的香甜快感
- 低沉而洪亮的笑声
- 一小口上等干葡萄酒
- 受之无愧的一天假期
- 上司表扬带来的喜悦
- 与孩子的片刻联系

- 令人振奋的喝彩
- 团结和谐的感觉
- 参观博物馆时产生的敬畏之情

这些生活中大大小小的欢愉、满足以及来之不易的喜悦，为我们的生活增添了快乐幸福的阳光。它们似乎和分析阳性检查结果的章节无关，但你会发现它们其实和本章内容息息相关。正如我之前描述的，芭芭拉·弗雷德里克森等人越来越多的研究表明，积极情绪和快乐的爆发不仅让人感觉良好，而且对你、你的朋友、家人、社区乃至整个社会都有好处。[17] 换句话说，积极情绪会对你的智力、社交能力、心理资源，甚至你的身体技能产生切实且持久的影响。此外，积极的情绪体验会产生所谓的上升螺旋：快乐能带来快乐，能增强你的免疫系统，让你更友好，更平易近人，能提高你的效率，让你更有创造力，更坚持不懈地实现你的目标，会促使你把自己的生活看得更有意义，增强你处理冲突、压力和挫折的能力。[18] 所以，积极的情绪会带来成功，而成功又会带来更多的成功。社会学家把这称为"马太效应"[19]，因为《马太福音》中有一个比喻："凡有的，还要加给他，叫他有余。"[20] 幸运的是，你的积极情绪越丰富，你在生活的各个领域——工作、人际关系、休闲和健康方面——就会变得越精彩。

在我的教学、研究和对普通人的采访中，我惊奇地发现，大多数人都没有意识到哪些体验能让他们幸福（或好奇、热情、平静、深情、专注、自豪），而哪些不能。出于这个原因，我开始教人们写日记，记录他们每天特定时间的情绪（比如，一周每天上午9点、下午

2 点和晚上 7 点），以及与这些情绪有关的事件、情况、人物或活动。比如，周二上午 9 点，你在多大程度上感到自信、快乐、紧张、平静或忙碌？当时你在哪里？是在家里、在车里，还是在咖啡店里？你是一个人还是和别人在一起（如果是和别人在一起，他们是谁）？你当时正在做什么？这是一个简单而有效的方法，可以确定哪些日常经历会让你产生积极情绪。一旦你意识到同加里在一起总能让自己开怀大笑、听世界新闻能让自己保持专注、和你的猫在一起能让自己充满柔情、在公园里吃寿司能让自己感到快乐，那你就应该更多地尝试参与这些活动，同时尽情享受它们。

这些积极的经历是否太普通，难以真正影响我们的幸福，无法帮助我们应对真正的困难？既然我们已经知道积极情绪的益处，我们是否应该争取体验巨大而强烈的快感，而不应追求那些司空见惯的普通快乐？在第六章中，我建议应该把钱花在许多小的乐事上，而不是花在为数不多的大的乐事上，这是因为研究结果证明司空见惯的乐事带来的好处多于强烈的快感。事实证明，幸福和健康（以及它们所有有利的附属物）的关键不在于我们感到多么强烈的幸福，而在于我们感到快乐或幸福的次数。[21] 例如，在一项对 18～94 岁的人进行的为期 13 年的跟踪研究中，那些经常体验快乐幸福（但程度并不很强烈）的人活得更长。[22] 事实上，看似琐碎的行为可以让人的情绪随着时间的推移而不断高涨。正如麻省理工学院、哈佛大学和杜克大学的研究人员所写的那样："一个人不可能每天都中奖，但他可以经常锻炼或参加宗教仪式，随着时间的推移，这些重复的行为可能足以增加幸福感。"[23] 这些研究人员对一个健身房、两个瑜伽班和 12 种宗教的 37

个礼拜场所进行了调查，验证了这一观点。不出所料，他们发现，每周锻炼几天，参加宗教活动，会给人们带来一连串稳定的（尽管幅度不大）刺激，提升他们的幸福感。并且，参加这些活动的频率越高，他们就越快乐。

科学证据提供了三个重要的观点：第一，短暂的快乐、宁静或喜悦并非微不足道；第二，重要的是频率，而不是强度；第三，我们大多数人似乎并不清楚这一点。如果你开始了解哪些人、哪些情况、哪些地点、哪些事情，甚至一天中的哪些时刻能让自己感到快乐，然后通过练习增加这些事物出现的频率，那你就会掌握幸福的秘诀，它将在危急时刻、在医生带来坏消息之时以及之后，让你受益匪浅。

面对痛苦可以活得开心吗

我十分清楚，在健康危机中寻求快乐的说法会让一些人感到尴尬不安。事实上，这种想法，即认为面对痛苦可以活得开心，甚至向往这样的生活，无论这种痛苦是自己的还是别人的，似乎令人反感。当某位好友即将死于癌症，当你得知自己即将失去听觉、视觉或驾驶能力，或者当你非常清楚地意识到世界上充斥着贫穷、战争、压迫和邪恶时，你不能也不应该十分开心。当孩子们受到伤害、当许多人身处绝望之中、当梦想破灭、当社会弊病无处不在时，你不可能开心快乐。

我想从三个方面回答这个有点自私的问题。第一，要认识到这个世界上存在很多不公平的痛苦，并对自己的好运心存感激。第二，要知道，推迟享受自己的幸福、直到你所有的朋友和世界上的问题都得到解决的做法对任何人都没有帮助。当然，我们需要见证并努力消除不幸和痛苦。然而，正如大量研究表明的那样，我们越快乐，就越有可能实现这一目标。我们越快乐，就越有精力、信心和动力。我们越快乐，身体就越健康，因此效率也就越高，越有创造力，我们就会更加注重方法，更有可能影响他人。第三，如果我们努力并成功地实现了自己的幸福，那才相对更有可能帮助他人以及自己。

如何应对消极情绪

我们现在知道积极的情绪会带来无数的好处，但是消极的情绪真的是一件好事吗？毫无疑问，确实如此。在有些情况下，我们需要感到愤怒，这样才能激励我们与剥削或不公进行斗争；我们需要感到焦虑，这样才能帮助我们应对威胁或挑战；我们需要感到悲伤，这样才能促使我们反思问题所在并采取行动解决问题或接受现实。因此，在下一节，我将介绍一种理论，该理论认为，在开始积极的和治愈性的调整之前，我们需要先经历剧变带来的负面情绪后果。此外，一些研究表明，在特定的情况下，温和的负面情绪（如悲伤的心情）可以让人做出更合理的判断，减少刻板印象。其实，消极体验可以用来同我们生活中的积极体验形成对比，从而帮助我们心怀感激。我的一个挚友因感染而瘫痪，数周内无法独自进食或呼吸，与死神擦肩而过，好在最后他康复了。经过这次病变之后，他说那些曾经只是比较积极的体验，比如阳光明媚的日子、喝健怡可乐，或者和他的成年子女通电话，现在都变得非常积极。有些文化甚至将苦难视作一种手段，以达到塑造性格或获得精神救赎的目的，甚至将其本身视作一种目的。在希腊，人们在面对抱怨自己身体状况不佳的人时通常会这样说："你还不能死，因为你遭受的痛苦还远远不够！"

悲伤情绪是有价值的，认识到自己（以及世界）的问题和弊病是有价值的，认识到人生并不总是美好或公平的也是有价值的。然而，痛苦从来就不是什么好事。人们所承受的许多痛苦几乎都是无法忍受的，是不应该的，也不会带来任何好处。

应对坏消息的循证策略

一场严重的疾病可以摧毁或粉碎许多东西，例如，我们的自尊，我们的人际关系，我们的身体，我们的宗教信仰，我们的希望和乐观，我们的精力，我们的人生走向。这些东西被撕成碎片后，我们如何把它们重新拼装起来呢？有时，这似乎难以实现。当我们所爱的人去世了，或者当我们失去了某些非常重要的器官或官能（比如，一条手臂、一个肾脏、我们的嗅觉），我们真的无法将其拼装如初，唯一的希望就是在残余的基础上建构全新的事物。我知道这听起来很抽象，但有一个很有启发性的故事阐明了这一概念。[24]

从前，有一位画家很擅长绘画，但他真正渴望的是成为一名木匠。有一天，画家的妻子说他们家需要一张新桌子，问他是否能帮忙做一张。他非常高兴，因为他爱自己的妻子，想让她开心快乐，而且他也真的想做些木工活。他夜以继日地工作，终于做出了一张看似普通但却非常结实的桌子。这张桌子成了画家家里的中心。一家人聚在桌子周围讲故事、吃饭、喝茶或玩棋盘游戏。画家和他的妻子在那张桌子上揉比萨面团，给他们所爱的人写信，帮助他们的孩子练书法。桌子很结实，就像他们的家人一样。

有一天，一家人都不在家，一个小偷闯进了他们的房子，不知为什么，他偷走了桌子的一条腿。画家和他的妻子闷闷不乐，但是由于他们非常喜欢那张桌子，所以还是决定充分利用它，即使它现在只剩下三条腿。然而，桌面已经变得不平整了，所以每当他们把东西放在缺了一条腿的桌子那一边时，东西就会滑落下来。所以他们试着把几本又大又重的书放在桌子的另一边，希望能让桌子保持平衡，但还是不行。这些书占了太多的空间，另一条腿在它的重压下开始弯曲，桌子有散架的危险。

这位画家十分懊恼。他把这张桌子拿回自己的工作室，连续工作了好几个晚上，反复地凿、刻、磨、雕，最后，带着一张新桌子走出了工作室。新桌子很小，但是很别致，和之前那张桌子一样结实、实用，只不过它只有三条腿。

经历过健康危机之后，获得新生的你就像这张全新的三条腿的桌子一样。无论你的诊断结果是癌症还是糖尿病，是肺病还是不孕症，在你的生活发生改变之前，你可能很坚强，但现在，不知为什么，你的一部分已经被带走。起初，你可能试图保持自己内心的平衡，努力平衡你的工作、家庭和心理健康，但却仍然摇摆不定。你付出了巨大的努力来弥补自己所失去的一切，不想让任何东西摔落到地板上。然而，你却无法把自己和自己的生活重新拼装起来。你必须创造一个全新的自己，你希望这个全新的自己会像之前的你一样结实健康，但它却会发生变化。显然，三角形是比正方形更坚固的几何图形，这就是人们经常在自然界中看到三角形结构 [可以使蛋白质和 DNA（脱氧核糖核酸）这样的分子变得更稳固] 以及人们在建筑中频繁使用三角形结构的原因。[25] 我在下面介绍的两个基于证据的理论将为你提供一些应对坏消息所需的策略，可以让全新的你变得更结实强大，就像那张三条腿的桌子一样。

调动资源和最小化处理

当我们试图回应、对付或处理发生在我们身上的坏事时，其实就是在采取应对措施。几十年来，研究人员一直在研究如何采取应对措施，他们现在非常清楚哪种应对策略有效、哪种无效、对谁有效，以及在什么情况下有效，其中最有效的策略是加州大学洛杉矶分校教授谢莉·泰勒提出的。她认为，像严重疾病这样威胁生命的事件通常会在我们体内产生两种连续的反应，一种是短期反应，另一种是长期反应。[26]

调动资源。我们的第一反应是立即调动资源来处理负面事件（例如，最初的诊断、出现新的令人痛苦的症状或者意识到病情恶化），这一过程相当短暂。例如，在医生办公室，我们可能会立刻出现生理反应（例如，心率加快、呼吸急促等身体方面的反应），开始细想我们本可以如何预防这种疾病（这是一种认知或与思想相关的反应），会变得痛苦绝望（这是一种情绪反应），或者会寻求一个可以依靠哭泣的肩膀（这是一种社会反应）。

最小化处理。我们的第二反应是长期反应——当可怕消息的最初威胁消退时，我们会对与健康有关的负面或创伤性经历产生这种反应：我们的大脑和身体会行动起来，从根本上改变或尽量减少那些最初的反应。举个例子，我们的身体会抑制我们最初的反应（通过减慢心率和呼吸），我们的想法会变得积极乐观（原谅自己的行为或唤起愉快的记忆，抵消负面的记忆），我们悲伤或焦虑的负面情绪会得以缓解或放松，我们可能会报答之前帮助过我们的人。

泰勒的研究表明，我们需要认识到我们应对可怕消息的两种不同倾向。第一种是动员自己（例如，哭泣，心跳加速，想象我们的生活已经完蛋）。第二种出现的时间较晚，可能是得到可怕消息的几小时、几天甚至几个月之后，它会尽量减少上述那些反应（例如，安慰自己或乐观一些）。调动资源和最小化处理理论认为，我们对糟糕情况的第一反应——虽然有时是必要的或难以避免的——并不是最终反应或最佳反应。"时间可以治愈所有的创伤"这个观点同样适用于这里。

坏消息反应模式

健康心理学家凯特·斯威尼提出的另一种应对措施理论试图解决这样一个具体问题，即当医生告诉我们坏消息时，我们该怎么办？斯威尼的研究指出三种可能的反应：（1）观察等待（例如，保持警惕，但同时将注意力转移到其他的事情上）；（2）积极改变（例如，采取行动，比如充分研究我们的身体状况，也许可以开始新的积极治疗）；（3）接受现实（例如，充分利用生活中的变化，寻求他人的支持）。[27]虽然这三种普通的反应可能看起来一目了然，但在特定情况下哪一种反应是最好的却难以分辨。幸运的是，一个简单的算法或公式，如下面的流程图所示，可以帮助我们解决这个问题。首先，问自己下面这三个问题，然后按照图中的箭头所示一步步向前推进。

- 诊断结果严重吗？（是/否）
- 可能产生负面后果吗？（是/否）
- 后果可控吗？（是/否）

```
                    诊断结果严重吗？
           是                        否
    可能产生负面后果吗？         可能产生负面后果吗？
    是         否              是         否
 后果可控吗？ 后果可控吗？     后果可控吗？ 后果可控吗？
 是   否    是   否          是   否    是   否
 积极  接受  积极  观察        积极  观察  观察  观察
 改变  现实  改变  等待        改变  等待  等待  等待
```

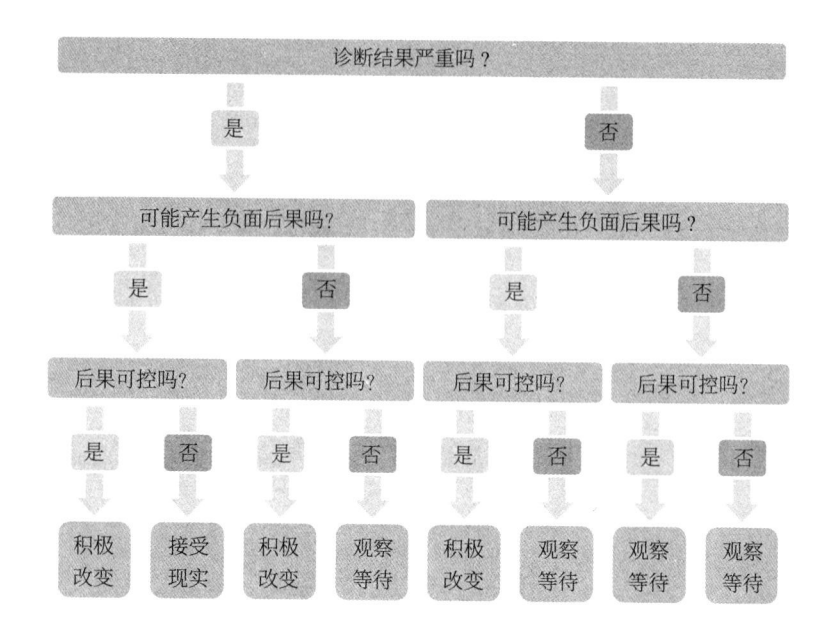

如果答案介于"是"和"否"之间，请选择最接近事实的那个。

研究表明，在几种不同的情况下，观察等待是比较合适的反应。一种情况是坏消息并不是太严重，不太可能产生负面影响，情况可能在你的控制之下，也可能不在你的控制之下。例如，你得知自己的骨头里有一个肿块，这可能没什么大不了的，但你要等待，每6个月做一次骨骼扫描。对于处境相同但病情更为严重的人，医生也会给出类似的建议。举例来说，你得到的坏消息是你有患血栓的危险，但这种情况不太可能发生，而你对此也无能为力，所以只能采取"观察等待"的方法。要做到这一点很难，所以难怪耐心被视作一种品质。"耐心"这个词源自拉丁语 pati，意思是"受苦"。总之，当你收到的坏消息不是很严重，但很可能发生（例如，检查结果表明可能是肾结石），而你又无法阻止时，最好的反应还是观察等待。

如果你的情况在某种程度上是可控的，可能比较严重，或者极有可能带来负面后果，抑或两者兼而有之，那么积极改变就是最佳选择。例如，你患上了乳腺癌，有几种有效的治疗方法可供选择。然而，如果坏消息非常严重，能产生负面后果，结果无法控制，那就需要接受现实。此时最好的办法是控制你对坏消息的情绪反应（这被称为"以情绪为中心的应对措施"），而不是试图通过行动解决问题（这被称为"以问题为中心的应对措施"）。

研究表明，选择适当的反应方式——采用上述那种深思熟虑的、系统的方式——可以帮助我们得到最理想的结果。当然，这种结果的本质会有所不同，但我认为从长期来说其中涉及的痛苦最少（短期痛苦比较常见，并且容易适应，就像我们在"调动资源"时所遭受的痛苦），能让你对自己的进步感到满意，其中包括当前的幸福指数以及对未来的希望。最后，如果你能理解这张图的含义，你就能提高对自己未来健康状况的预测精准程度，也能提高对其他关键生活领域（如家庭关系和工作效率）的预测精准程度。

虽然坏消息反应模式乍一看似乎过于简单，但其实非常有效。该模式适用于大多数面临不同健康问题的人。因此，流程图中所描述的方法极具普适性，适用于我们许多人。所以，我在此郑重建议大家（我很少这样做）一定遵照这一通用公式，不要试图找到最适合我们的某个方法。确切地说，我们如何观察等待、接受现实或积极改变，会受到许多因素的影响，比如哪些事物适合我们、我们得到的社会支持，以及我们独特的环境和目标等。

能减轻你负担的知己

没有人能真正为灾难、不幸或健康危机未雨绸缪，提前做好准备。然而，就像购买雨伞或在后备厢里放置备胎一样，我们可以提前准备好各种工具，以备不时之需。其中一个必不可少的工具就是社会支持。正如我在第二章讨论的，同朋友、同伴、爱人、家人甚至宠物分享烦恼并从对方获得帮助能够产生神奇的效果。

根据几十年来对人际关系重要性的研究，畅销心理学教科书的作者大卫·迈尔斯得出了以下结论："在应对不幸的各种方法中，没有什么比和一个深切关心你的人建立亲密的友谊更好的治疗方法了。倾诉对灵魂和身体都有好处。"[28] 的确，正如我之前提到的，在有社会支持的情况下，我们的身体对压力的反应没有那么剧烈。例如，当我们在做一些非常有挑战性或有压力的事情时，比如在医生的办公室等待最新的检查结果时[29]，只要有东西陪伴我们——无论是人还是狗，我们的心率和血压都会降低，只要身边有人陪伴——哪怕只是看一眼心爱之人的照片，都会大大减轻身体的疼痛。[30]

当我们被诊断患有严重的疾病时，一定要格外重视社会支持给健康带来的益处。例如，研究发现，在生活中，有一个或多个我们可以依赖的亲密个体是非常重要的保护性因素，关乎我们是否会染上慢性疾病或死亡，其重要程度就如同吸烟、高血压、不活动和肥胖等那些公认的危险因素一样。[31] 得到良好社会支持的女性比没有社会支持的女性的寿命长 2.8 岁，男性的寿命差异为 2.3 岁。[32] 如果这一结果还没有给你留下深刻的印象，那你可以考虑一下这样一个事实：社会支持使我们免受痴呆之前认知功能下降的影响[33]，保护我们不患感冒，并在诊断出心脏病或癌症后改善我们的预后。[34]

总之,如果世上真有保全健康和幸福的灵丹妙药,那就一定非社会支持莫属了。的确,保持亲密、充实和情感上的支持关系,可能是唯一的最佳方法,可以为未来不祥的诊断或任何灾难、危机做好准备。当不幸发生时,他们会挺身而出从各个方面——身体上、情感上、经济上——帮助你。你会恢复得更快,并且会具备更大的力量和勇气承受一切。

打造遗产、目标和意义

每一份不好的诊断都意味着不可避免地濒临死亡。随着我们死亡意识的增加,加上我们自我保护的本能,随之而来的就是难以忍受的焦虑。[35] 研究人员认为,我们应当通过追求生活的意义来应对这种焦虑。尽管我们可能害怕死亡,但我们更害怕死得无足轻重,更害怕死得无人在乎。因此,我们必须有所作为,让我们的生活过得丰富多彩、意义深远,在世上留下永恒的印记,在我们死后依然影响后人。

你现在的生活有多少意义和目标?下面是两个不同但相关的量表中的项目,其中一个测量我们的意义感和归属感(项目1~5),另一个测量我们是否正在经历意义危机,即可以判断我们的生活是否空虚、没有意义(项目6~10)。[36] 判断一下你是否同意或不同意,还是对这些说法保持中立(既不同意,也不反对)。

1. 我认为我所做的事情是有意义的。
2. 我在生活中有一个任务要完成。
3. 我觉得自己属于一个更大的整体。

4. 我的生活很充实。

5. 我觉得自己的生活有更深远的意义。

6. 在思考自己生活的意义时，我发现只有空虚。

7. 我的生活似乎毫无意义。

8. 我看不出生活有什么意义。

9. 我看不到生活中的任何意义，为此感到痛苦。

10. 我的生活似乎很空虚。

令人欣慰的是，成年之后，我们的意义感会稳步上升。人生的意义在我们十几岁时似乎达到最低点，在 35 岁之前稳步上升，在 35~45 岁保持稳定，在 45 岁以后又开始上升。[37] 然而，一个可怕的挫折就能够让我们怀疑自己在这个星球上的所作所为。如果你不同意前五项中的任何一项，如果你同意后五项中的任何一项，那么我建议你把追求生活的意义作为自己的首要任务之一。

找到意义和目的的方法有很多。一是确立衡量我们生活的标准，从今天开始，下定决心改变我们的生活方式，努力过好每一天，让每一天都很成功。我们以杰西的经历为例，12 岁的杰西一开始双眼出现重影现象，结果发现这是脑瘤的初期症状。在确诊后的两个月里，她接受了化疗、30 轮放疗和无数次检查。刚开始住院时，她一哭就是几个小时，但过了一段时间，她开始关注其他病人。杰西发现，她与医院里那些在治疗期间无法回家的幼童和青少年之间存在某种特殊的亲切感。打那之后，她不再为自己担忧，也不再让疾病左右自己，而是开始为他人着想。在她的家人和教会的帮助下，杰西成立了一个非营利性基金会，参与基金会的捐赠者可以把"欢乐罐"送给孩子们，罐子里装着 T 恤、糖果、玩具和其他适合不同年龄儿童的物品。每卖出一个，她就捐赠一个。虽然最终的结果还不确定，但只要杰西活着，她就能找到人生的意义，就能够鼓舞年轻患者的精神，鼓励他们在与病魔做斗争的过程中永不放弃。[38]

像杰西一样，对很多人来说，对生活目标的追求来自他们内心深处的愿望，想要帮助那些正在遭受痛苦的人，但情况并非完全如此。许多人可以将我们的存在与我们自身之外的事物联系起来，以此寻找生命的意义。这个"事物"可能是其他人（例如，将我们的价值观传递给我们的孩子，他们比我们活得更长，或改善那些不幸者的生活）、组织机构（例如，志愿参加一个学校或环保组织）、价值观（例如，通过博客宣传干细胞研究、汽车安全或任何我们关心的事物的重要性）或上帝（例如，祷告或改变信仰）。从本质上讲，我们努力想要实现的目标就是研究人员所说的"象征性的不朽"或"积极的个人遗产"，例如，生儿育女或创作艺术品，在我们去世之后依然流传于世，以此相信来世，为后人的福祉贡献力量（比如积极参加社区活动），或者只是让某人未来的生活更美好（比如传道、授业、解惑）。

这种个人生活的意义可以通过多种方式获得，并取决于我们的偏好和价值观与我们选择从事的活动之间的契合度（例如，如果我们追求的是艺术，那么生活的意义就在于艺术；如果我们是虔诚的教徒，那么生活的意义就在于礼拜；如果我们友善而好交际，那么生活的意义就在于服务社区；如果我们崇尚科学，那么生活的意义就在于科技成就）。[39] 因此，无论我们多么害怕自己的医疗预后或即将到来的死亡，只要能将自己视为比自己更大的事物的一部分——无论是我们的教会、我们的家庭，还是我们的国家——那就可以为我们指明人生的航向，让我们感到更加自信和安全。[40]

小结

我们最害怕听到的话可能是"你的检查结果呈阳性"。在那一刻，我们面临人生的选择：是沉溺于绝望还是继续前行，是活在当下还是毁掉未来的生活。只要我们拒绝让自己目前的处境终结我们的幸福，我们就能采取行动，去接受，去适应，去充分过好每一天。如果继续前进或享受当下的时刻在今天看来令人畏缩，甚至不可想象，也不要担心。调动资源和最小化处理理论告诉我们，尽管我们当时的反应常常会让我们感到痛苦，但这一过程比较短暂，而合理的、长期的反应需要时间才能充分表现出来。

因此，不要沉溺其中，而要根据自己的感觉，根据我之前提供的建议，制定每周的生活目标。例如，你可以建立或强化自己的社会支持网（例如，打电话给老朋友，听取他们的建议），或者通过学习冥想磨炼自己的注意力，变得更加专注。你还可以每天拿出时间享受户外活动（即使这可能意味着在寒冷的日子里凝视天上的云彩），或者弄清楚什么情况会让你心情愉快，并经常重复这些情况。最后必须强调的一点是，每周至少要朝着正确的方向迈出一步，帮助自己实现人生目标。

第九章

如果无法实现梦想,我就不会幸福

- 我永远无法成为一名医生或宇航员。
- 我永远无法和内衣模特恋爱。
- 我永远无法成为第一小提琴手或首席芭蕾舞演员。
- 我永远无法定居意大利。
- 我永远无法有孩子。
- 我永远也不会像沃伦·巴菲特那样有钱。
- 我永远无法成为奥普拉·温弗瑞脱口秀的嘉宾。
- 我永远无法瘦成一道闪电。

所有人都有梦想,其中的一些梦想我们会经常想起,并与他人分享,但也有一些梦想可能只出现在多年以前或童年时期,被我们深深地藏在心底,不轻易示人。例如,我的同学杰森,在经历初期的成功之后,放弃了成为奥运会移动靶射击运动员的梦想。我的老朋友詹妮弗,在经历了10年的表演课、声乐课、试镜和被拒之后,最终放弃了成为百老汇明星的梦想。杰森和詹妮弗都花了多年时间追寻他们心中珍藏的梦想，但两人都失败了。不过，当他们回忆过去、承认自己的遗憾时，詹妮弗感到痛苦懊悔，抛弃了所有关于自己演艺生涯的回忆，而杰森则为自己早期的努力和成就感到欣慰和自豪。为什么人们的反应如此不同？我认为很大一部分原因在于我们自己的假设，即如果没有实现梦想，我们还能否幸福。如果我们努力改变这种有缺陷的观点，那么我们就可以学会以最理想、最成熟、最能提高满足感的方式来处理人生的遗憾。

当通往长期梦想的大门关闭时，我们会心有不甘，即使我们很久以前就放弃了这个愿望，或者我们从未真正想过我们会实现这一梦想，或者我们缺乏实现梦想的天赋和献身精神。如果你恐高，那为什么还要后悔没能驾驶商用飞机呢？但人就是这样，并不总是完全理性的。本章讨论的就是如何在极度失望、悔恨和遗憾中健康成长。

如何变得更练达、成熟和幸福：探索"可能失去的自我"

密苏里哥伦比亚大学教授劳拉·金研究了我们"可能失去的自我"或放弃的目标，以及我们对此的反应。[1] 她的研究工作主要集中在三组人身上，每一组人都有"可能失去的自我"方面独特的特点。第一组是那些孩子患有唐氏综合征的父母，他们的孩子永远无法自立，注定永远不会有自己的事业或家庭。第二组是男女同性恋，他们永远无法体验到他们父母所期望的那种传统的、文化上认可的家庭生活，不会像他们的异性恋同龄人那样被社会完全接受。第三组是经历长期婚姻之后的离婚女性，她们不太可能和自己长期相爱的伴侣一起慢慢老去。尽管这些人的处境各不相同，但他们的人生故事的发展方式，以及他们对自己失去的目标的反思方式，却对我们其他人产生了极为深刻的影响，因为我们这些人肩负着独特的个人"失去"自我的负担。

让我们从这样一个前提开始，即挫折、失望、失误和遗憾在生活中是不可避免的。[2] 事实上，90% 的人都承认自己心中怀有深深的遗憾。[3] 虽然回忆过去发生的事情，比如，我们本来能够做但却没有做的事情，我们做的那些本不应当做的事情，或者我们无法控制的发生在我们身上的坏事，会破坏我们当前的心情，但劳拉·金认为，只有成熟的人才能真正接受并正视自己的遗憾，反思事情的其他可能。有趣的是，这种反思遗憾的过程本身就能加速人的成熟。因此，失去了可能的自我，失去了希望和目标，可以被看作一个机会，我们可以利用这一机会让自己成熟起来，最终成为一个更练达、更幸福的人。

这是怎么发生的呢？毕竟，放弃我们珍视的目标是极其困难的。我们必须面对一些这样的暗示——也许我们的能力根本无法实现目标，或者我们的资源不够充足。这意味着我们必须接受这样一种可能性，即我们为一个较大的目标而奋斗是错误的，无论这个目标是在车库乐队里演奏，或是住在山间小屋里，抑或生三个孩子。当然，这也意味着让我们自己接受这样一个事实——我们永远无法获得实现这个目标所带来的回报。然而，心理学家认为，要想真正摆脱遗憾带来的负担，就要把自己从那些"可能失去的自我"中解放出来，比如，可能成为神经外科医生的自我、想当爷爷奶奶的自我、想变得英俊潇洒的自我、想当小老板的自我等。[4] 从某种意义上说，这是一个值得学习的时刻。劳拉·金将这个过程描述为类似于查阅我们的生活地图。换言之，想象一下，我们每年都在沿着一张地图前进，地图上包括时间表、地点、目标和各种情况。当一个特定的目标（比如，成为律师事务所的合伙人）变得站不住脚时，我们应该参照那张想象中的地图，找到自己所在的位置，然后问自己："我是如何来到这里的？我要到哪里去？"[5]

所以，如果你一直幻想着为洋基队或大都会队打球[6]，或者幻想着去中国旅游，或者想要当姨妈，那么改变这种幻想需要从心理上进行调整，这种调整可以增加你对现实的理解，变得更练达。事实上，作为她的研究的一部分，劳拉·金问了人们一个毫无疑问比较痛苦的问题："如果____（比如，你没有离婚，你的孩子没有患唐氏综合征，你是异性恋而不是同性恋），那你的生活会有多幸福？"她发现人们给出的回答非常有启发性。劳拉·金分析了数百人对未来曾经抱有的希望（现在他们的希望已经不可能实现），发现了我们都能达到最佳状态的方法，即人们能够接受生活中正当合理的损失，而且人们的幸福是建立在现实基础之上的。用劳拉·金的话来说就是，这种"幸福、练达的成年人"谦逊而勇敢，其生活具有意义。

如果达到这种最佳状态看起来令人生畏，我们可以安慰自己，因为很多人都已经成功做到这一点。他们之所以达到了最佳状态，是因为他们认识到生活并不总是按照他们所希望的方式发展的，有时确实会给他们带来挑战，甚至会让他们感到困惑，并且他们认识到创伤和痛苦对他们的成长与发展都是非常宝贵的财富。因此，通过反思未能实现的梦想，我们可以获得全新的视角，能够让我们更好地了解我们自己和我们的生活，并且更重要的是，能够让我们为自己设定新的目标，着眼于未来的生活。换句话说，反思曾经的遗憾会促使我们重新开始，朝着新的目标努力。

假如我们一直沉溺于自己曾经放弃的目标，那又怎么能幸福呢？难道所有这些自我剖析不会让我们感到更加痛苦和遗憾吗？简单来说，的确如此。但是，我们必须这样做。我们必须承认，我们已经失去自己所珍视的一部分，与此同时，一定不能被这种遗憾吞噬。我们必须承认我们过去所经历的遗憾和挑战，但关键是接下来的这一步——继续前进，投身于新的追求，尽管过去的挑战可能在一定程度上影响我们的新追求。我们必须努力把注意力集中在未来令人兴奋的可能性上。我的同学杰森成功地做到了这一点，他勇敢面对自己永远无法成为奥运选手的遗憾，承认并接受了这个遗憾，决心转变方向，改打高尔夫，摇身一变成为一名周末运动员，而不是职业选手。因此，他没有将自己的人生选择视为非黑即白（要么玩专业，要么再也不玩），而是根据自己的兴趣和优势，促使自己选择新的目标，从而为自己开创了一个更合理、更令人满意的未来。相比之下，詹妮弗甚至从来没有给过自己机会去承认和克服她对自己演艺事业失败的遗憾，而是彻底抛弃了对过去的回忆。詹妮弗认为重温昔日的遗憾太过痛苦，但是科学研究表明，对昔日遗憾深刻细致的反思是我们（面对暂时的痛苦和遗憾）必须付出的代价，最终能帮助我们成长起来，让我们自己变得更圆融、更练达、更成熟、更幸福。

劳拉·金认为，当我们承认遗憾时，会让自己变得很脆弱，所以这需要勇气。毕竟，我们已经承认，对生活的任何期望都是有风险的，然而我们却仍然继续投身于新的目标。我发现这种情况类似于这样一种人的情况：他们由于爱另一个人——无论是伴侣还是孩子——而让自己在彼此关系中变得脆弱，爱得太深以致伤了自己。其实，这种人也很勇敢。一个唐氏综合征患儿的母亲讲述了她从生孩子前到生孩子后几个月乃至几年的经历：

> 我走上了发现自我的道路……我在寻找更多的目标。做母亲、做妻子、做保姆还远远不够，我想完成我的使命，想继续寻求自我。后来儿子出生了，一切都经受了考验，价值观、信仰、友谊、结婚誓言等各个方面。我成长了很多，也经历了许多困难，也曾十分迷茫，但我现在已经渡过难关……又回到了正轨，非常幸福。我现在变得更坚强、更有经验了。上帝可以做证，我现在变得更富有同情心、更谦逊了。[7]

此人已经成功地将自己的痛苦经历转化为一个"新的自我"，并在历经劫难之后变得更幸福、更成熟了。

劳拉·金在她的研究中发现，接受曾经的遗憾也能提升我们的幽默感，增加我们对那些遭受痛苦的人的同情，并使我们内心充满深深的感激。所以，好好想一想，假如你拥有了自己一直想要的工作、伴侣、房子或身材（但现在知道自己永远也无法拥有），你的生活会多么美好。将这种感觉写下来，或者找一个亲密的人聊一聊。这可能会令你感到十分痛苦，但最终你可能会真正承认自己的遗憾，勇敢地接受它，然后朝着新的、重新设定的目标前进，也就是说，向着未来的美好生活前进。

可以承认遗憾，但不要念念不忘地反刍

许多心理学家会对上面给出的建议（深刻剖析自我，挖掘内心深处的遗憾和失望）感到不安，因为毕竟大量的研究——其中一些来自我的实验室——表明，沉溺于消极的想法和感受会导致一系列不愉快的后果。[8] 我们当中那些思虑过多、沉溺自我、焦虑不安的人，相对而言，更有可能延长痛苦，感到悲观和失控，无法正视自己，缺乏动力，难以集中注意力，无法解决问题。如果说有什么令人信服的方法可以制造更多的不幸和更棘手的问题，那么念念不忘（或思虑过度）的习惯无疑是最佳选择。

所以，尽管有大量证据表明，对负面话题进行自我反省通常是有害的，但反思我们可能失去的自我又是如何给我们带来益处的呢？解决这一明显矛盾的办法实际上相当简单。[9] 事实证明，反思分为不同种类，有些是有益的，有些是有害的。有些反思是经过深思熟虑的、颇具洞察力，比如那些经过精心思考的、经过分析的、具有哲理的、经过仔细推敲的、理性的或者具有自我意识的反思。也有一些反思常常是不恰当的，具有破坏性，比如那些拐弯抹角的、偏执的、神经质的以及无法控制的反思。

对这两类反思的研究表明，当我们思考自己失去的机会、放弃的目标和深深的遗憾时，我们应该有条不紊、一步一步地进行分析。如果可能，我们应该通过写作的方式进行反思。例如，我们可以选择在日记本上记录我们的经历，以及我们对这些经历的想法和感受。或

者，我们可以创建一个表格，列出已经发生的或可能发生的事情的利弊。

最重要的是，我们要努力避免念念不忘地反刍。当发现以下两个主要迹象时，我们就知道此刻发生了念念不忘的情况。首先，我们发现自己一次又一次地重复同样的事情——同样的想法或感受——却没有增加自己的决心、洞察力或理解力。换句话说，我们感觉自己的思维在原地打转。其次，我们感觉自己无法完全控制这种行为。某些想法或形象开始不断在我们的脑海中涌现，即使我们不想让它们出现。如果你感受到这些迹象，试着转移自己的注意力，关注一些中立的想法或愉快的想法，或者专注于某个引人入胜的活动，比如玩电子游戏，观看有趣的节目，或者帮助别人，以此来分散自己的注意力。其他防止有害反刍的策略包括将你的过度思考推迟到稍后的时间（然后永远不要再继续），与头脑冷静的朋友交谈，祈祷和静思冥想。[10] 在尝试了这些方法之后，当你处于一种中立或积极的情绪中，或者比较理想的情况是，当你处于一种不同的环境中时，你可以再回过头来审视自己可能失去的自我。在一项研究中，研究人员对 36~47 岁的女性进行了长达 11 年的跟踪调查，结果发现那些对自己的疑虑和弱点经常念念不忘的人无法将生活中的遗憾转化为积极的人生改变。[11]

思考生活中的"反事实"现象

在西方文化中，"遗憾"这个概念具有明显的消极内涵。然而，研究表明，遗憾既不是好事，也不是坏事，遗憾的意义取决于我们对它的看法。[12] "反事实"这个概念与"遗憾"类似。遗憾实际上与永远封闭的选择有关("我永远无法做成这件事"),"反事实"则是个科学术语,指的是"假如"和"如果",或者生活中尚未探索的可能性("如果我做了这件事,现在会怎样")。研究人员建议,我们应该谨慎地思考生活中的"反事实",而不是神经质地过度思虑或被动地沉湎于遗憾。例如,我们可能会想,如果我们更认真地对待我们的教育,登上飞往欧洲的那趟航班,或者在那个决定命运的夜晚没有答应对方的要求,那我们的生活会有什么不同。需要注意的是,"反事实"既可以朝着积极的方向发展,也可以朝着消极的方向发展。也就是说,我们可以在心理上否定过去做对的事情(例如,"如果我从没遇见我的丈夫,那生活会是什么样")或者做错的事情(例如,"如果我当时不同意那件事情,那生活会是什么样")。尽管有人会认为,反思"与现状相反的假设"只会让我们感到痛苦,但研究人员最近发现,这样做实际上赋予了我们的生活更大的意义,也就是更强烈的联系感、目标感和成长感。为什么会这样呢?不妨思考一下,如果我们没有经历所爱之人的死亡,或者没有得到工作面试的机会,那我们的生活会变成什么样子?这种思考会帮助我们理解人生中的关键转变,并从大局的角度看待这些事件在我们生活中的意义。

我承认这种逻辑有点儿违反直觉。毕竟,想一想我们的生活会有怎样不同的结果,似乎是一种可靠的方法,可以让我们懂得生活的任意性。例如,我偶然认识了我老公,当时我俩参加了洛杉矶当代艺术博物馆举办的一场伏特加义卖会。我们两个人经常聊起这件事,假如那天晚上我们没有遇见彼此,那我们可能根本就再也没有见面的机会,因为我们两人的职业或社交领域没有交集。我经常会不由自主地想，如果那天晚上我们中的一个人向右边走开或向左边走开，那我的丈夫、我的孩子和我的家庭可能会从我今天的生活中消失。这种不可思议的可能性还是存在的。然而，我并没有认定自己的生活是任意、随机的，相反，一想到我今天的处境可能会更糟，我就觉得我们这次关键的偶遇在某种程度上是命中注定的或天意如此。对我和我丈夫相遇的原因和方式的反思，帮助我把人生的点点滴滴串联起来，成为我人生故事的一部分，成为我身份的一部分，所有这些都赋予了我人生的个人意义。另外，想一想如果没有发生不幸，我们的生活会有什么不同的结果也是很有价值的，因为这有助于我们接受人生历程中的曲折——不管它有多困难——将其视为命中注定，并认识到它所带来的一切好处。例如，年纪轻轻就守寡会让你伤心欲绝，但是现在你和自己的第二任丈夫正一起抚养三个漂亮的孩子。

思考生活中的各种可能性和各种可能的结果是十分普遍的一种现象，我们每时每刻都在进行这种"反事实"的思考。研究人员发现，这样做是健康机能的重要组成部分。[13] 从今天开始，回顾自己的过去，写下至少一个你曾做过的可怕的决定，至少一个你曾经历过的胜利或成功，至少一次鲁莽的行为，至少一次你经历过的好运和厄运，然后从心理上否定它们。

当我们从心理上否定并仔细反思某个糟糕的决定时，我们就会进一步了解自己，从而为将来做出更明智的决定做好准备。当我们从心理上否定某个好运气或成功的例子时，我们就会进一步了解其更大的后果和本质。例如，在一系列研究中，研究人员要求参与者从心理上否定一系列事实，如他们自己选择的大学，他们遇到一个特别亲密的朋友，或者人生出现某个关键的转折点。[14] 在所有的实验中，相对于对照组，那些在心理上进行过否定的参与者最终赋予了他们选择的大学、他们的友谊以及他们的转折点更大的意义。换句话说，他们认为这些都是命中注定的，或者是"天意使然"，或者是"人生中的决定性时刻"。虽然从逻辑上看起来很奇怪，但这些参与者似乎得出了这样的结论："如此不可能发生的事情不可能只是偶然发生的，所以一定是命中注定的。"[15]

保持人生故事的一致性

成年之后，特别是人到中年之后，我们有机会回顾过去的生活，回顾我们的成功和遗憾，思考我们想要讲述的人生故事。这样的故事或"人生叙事"——包括故事内容和讲述方式——很重要。在过去的几十年里，心理学家一直在研究我们所撰写的人生故事如何影响我们对自己的看法，影响我们的日常行为，影响我们的幸福。连贯一致的人生故事会让我们更愿意接受过去，更勇敢地面对未来。换句话说，如果我们能够构建一个关于我们如何成为今天的我们以及我们的未来将如何发展的人生叙事，例如，赋予我们的人生历程秩序感和意义感，那我们的生活会更加幸福美好。例如，当姐姐病得很重的时候，我们没有因为没有花更多的时间陪她而感到遗憾，相反，我们开始理解她与癌症的斗争是如何促使我们在自己之后的工作中致力于帮助他人的。如果我们能够把自己的生活理解成不仅仅是一堆孤立的、稍纵即逝的时刻，并能把这些时刻转化为人生重要旅程中的关键时刻，我们就会体验到更大的幸福和更高的人生目标。如果能够把不确定的未来转变成一系列可预测的事件，我们就能更好地适应生活。

在英格玛·伯格曼于1957年导演的电影《野草莓》中，主人公是一位看似仁慈的年迈的瑞典医生，被昔日的遗憾和日益临近的死神困扰。[16] 由于需要重新审视自己的一生，他开始了一次带有隐喻意味的400英里的旅程。其间，他走访了一些人和一些地方，这让他回忆起了自己一生之中所有的关键转折点——他那位自己十分崇拜但实际上卑鄙刻薄的妈妈，他在海边的童年时光，他所爱的情人（最终没有嫁给自己，而是嫁给了他哥哥），以及自己那场充满激烈争吵的婚姻。在这些记忆中、在生活中遇到的这些人中，医生认清了自己，逐渐接受了自己，并赋予了自己的生活一种以前从没有过的一致性和意义。

这位瑞典医生所完成的一切是我们所有人都应该为之奋斗的目标，研究人员称之为"人生故事的一致性"。要想实现这一目标，可能需要心理上的时光旅行，比如，穿越到我们最年轻的时候，在那里找到导致我们当前失败和成功的种子，无论是作为伴侣、祖父母、雇员，还是朋友。据说，伯格曼是在一次穿越瑞典的长途驾车旅行中产生了拍摄《野草莓》的想法的。他在自己出生和度过童年时光的小镇乌普萨拉短暂停留，当开车经过祖母的故居时，他想象着假如能够打开门，重新走回童年时光，那生活该是一番什么样的景象；假如我们能够在人生的不同阶段这样做，那生活会是什么样子。研究表明，只要写下过去发生的事情，人们就能够获得对生活中重大事件的意义感和秩序感，从而使他们有机会接受这些事件，并使自己接受生活中的遗憾。这种写作可以帮助我们与过去的人、地方和活动重新建立联系，并赋予我们人生故事一致性。这种写作不仅需要记录我们个人生平的事实（比如，"我被虐待过""我住在宾夕法尼亚州"），而且还需要以对我们有意义的方式，通过有选择地利用我们经历的特定记忆或经历（例如，珍贵的记忆或象征性的家庭传统）来超越现实。[17] 相对于一味地喋喋不休地谈论我们本可以采取的更巧妙或更明智的行动，上述做法可以使我们昔日经历过的事情变得鲜活起来，并为我们的生活增添意义。

每月冒险一次：防止因不作为而遗憾

对自己没有做过的事情（没有满世界地追寻那个女孩，没有申请医学院，没有接受沙特阿拉伯的那份工作），或者做过的事情（在公司的圣诞派对上出丑，或者经历了一场注定无果的恋情），你通常对哪种情况感到更遗憾？如果你同那些参与心理学研究的人一样，那么你的答案就是对自己没有做过的事情感到更遗憾。[18] 为什么会这样呢？

与不作为相比，人们更容易为行动找到理由

人类非常善于说服自己，让自己相信错误或磨难最终对他们有好处。也许我们从经历中学到了一些东西——勇气、克制和幽默。也许它们让我们认识到自己有能力去爱，去适应，去宽容。也许它们让我们意识到谁是我们真正的朋友，或者生活中最重要的事情应该是什么。也许它们能产生一些真正积极的结果（例如，我们从那次糟糕的一夜情中得到的那个很棒的孩子，或者我们在为之感到遗憾的工作中做出的贡献）。对于某个错误，采取行动去纠正、消除或弥补比不采取行动更容易。例如，我们可以为自己造成的伤害道歉，或者我们可

以换工作。如果你后悔娶了你的妻子，你可以和她离婚。但如果你为没有和自己大学时代的恋人结婚而感到遗憾，那你可能余生都无法和她生活在一起。

对不作为的遗憾会随着时间的推移而放大

尽管我们也有可能会对做过的事情感到遗憾（希望自己没有做过），但这种类型的遗憾（常常会让我们感到抱歉、内疚、愤怒等）很快就会消失。然而，对那些我们没有做过却希望曾经做过的事情的遗憾不会消失得如此之快，这种遗憾随着时间的推移甚至可能放大。换句话说，随着时间的流逝，对于不作为的遗憾（比如，"我本应该在大学里更加努力地学习""我希望当时离开他""我遗憾自己从来没有离开过家乡"）会变得更加令人不安和痛苦。之所以如此，从某种程度上说是因为我们当初没有采取行动的原因随着时间的推移变得模糊不清。例如，假如当年我们是因为缺乏足够的信心才没有追求自己的白马王子，或者申请到法学院上学，那么多年之后，这个理由似乎就不那么有说服力了。

不作为的结果是无穷的

我们在思考那些我们没有做过的事情时，能够想象出假如我们做了这些事情之后可能出现的无穷多的结果。事实上，这种幻想非常不现实，就好比假如我们嫁给了埃里克就可能会得到幸福的婚姻一样。其实，我们在思考自己曾经做过的不明智的事情时，我们当初采取行动的理由可能比较令人信服（例如，"那份工作当时看起来十分不错，工作的城市比较理想，工资待遇也比较丰厚"），而不明智的行动的后果也比较有限，通常没有那么严重。事实上，随着时间的推移，它们会变得无足轻重。在某件事上失手，或者做了愚蠢的事情，甚至是卑鄙的事情之后，如果你问自己"一年之后这件事还重要吗"[19]（或者5年之后），答案往往是否定的。

蔡加尼克效应

我们更有可能对没有做过的事感到遗憾，而不是对已经做过的事感到遗憾，这一点可能与蔡加尼克效应有关。蔡加尼克效应是以发现这一现象的苏联心理学家的名字命名的。他发现与已经完成的任务相比，我们更容易记住并沉湎于未完成的任务。[20] 所以，当我们没有做某件事，或没有完成我们已经开始做的某件事，或者当我们被打断做某件事时，我们往往会长时间地沉溺在这件事上。为什么？可能是因为令人遗憾的不作为往往意味着错过了抓住某个时刻的机会，而对于这个时刻，我们已经没有第二次机会。而当意识到我们还没有完成已经开始的事情时，这种感觉会在那一刻过去许久之后依然长久存在。另外，令人遗憾的行为往往很早以前就已经完成，完全属于过去。没错，我们搞砸了，但行动已经完成，人生故事已经写完，一切已经尘埃落定。

解决办法：冒更多的风险

这项研究的意义在于，防止对不作为感到遗憾应该是我们大多数人的一个关键目标。一个显而易见的方法是努力调整我们的人生轨迹，使产生这种遗憾的可能性降到最低。为了成功实现这一目标，我建议冒更多的风险，以此尽量减少我们在生活中不作为的次数。每月冒一次风险似乎是个合理的目标。所以，大胆地放手去做吧。走出你的舒适区，解除自己的防范心理，不要害怕犯错误，尝试新事物，或者抓住机会，即使这个机会可能有点儿可怕。如此一来，你可能会发现一些你之前甚至不知道的机会，可能发掘某种你之前不知道自己拥有的天赋、能力或偏好。我的一个老朋友直到报名参加了一个喜剧脱口秀培训班才意识到自己是多么有趣，才意识到自己是多么享受这种感觉。

事实上，通向最终的目标的道路可能有很多，但我们需要对潜在的意外、曲折和转变保持开放的心态，并能够灵活应对，让自己抓住别人可能错过的机会，或者在前进过程中改变我们的路线。所以，在去街角杂货店的路上，不要视野狭隘，只盯着眼前的事物（不注意周围的环境，除了牛奶和面包其他什么也看不到），我们可能会有意外发现，或者可能会邂逅新朋友或商业伙伴。冒更多的风险并不意味着开车鲁莽或者带陌生人回家，这可能只是意味着放弃我们常去的那家咖啡店或上下班路线，增加我们发现新鲜事物或意想不到的事物的可能性。或者，冒更多的风险可能意味着打破与新邻居之间的沉默状态，寻找新的工作机会，或者在别人沉默的时候说出自己的想法。

有句话说得好，所有成功的人都是失败者。如果你的工作层次很高，无论是互联网创业者、小企业主、作家，还是政治家，在获得今天的成功之前，你可能经历过多次失败、拒绝和失望。如果你很难摆脱失望，很难开始下一步生活，那就把冒险定为自己的下一个目标。你要对自己说："无论怎么样，我都要试试看！"即使失败了，你也会开始改变对自己的看法，变成一个有能力采取行动的人。而且，如果事情成功了，你就会产生向上的动力，一次小小的不起眼的成功就会提升你的效率、乐观和自信心，从而激发你对未来风险的胃口。

知足常乐，不要被生活中的选择控制

虽然我已经讨论了研究人员所知道的许多关于遗憾的内容，但导致遗憾的原因之一仍有待进一步探讨。遗憾常常产生于努力做出完美选择之后，尤其是在选择余地较多的情况下。人们通常认为有选择余地是件比较有利的好事。没错，的确如此，尤其是当别无选择的时候。但是研究人员已经充分证明，拥有和筛选过多的选择是有害的[21]，因为如果无法处理好过多的选择会产生巨大的遗憾。

在被问到这个问题时，大多数人表示他们希望自己选择的机会越多越好，无论是选择工作、恋爱伴侣、广播电台，还是冰激凌的口味。然而，在选择结束之后——当我们选择了工作 A、新娘 B 或电台 C 之后——我们当中那些拥有更多选择的人却会显得不太满意，并且更有可能感到遗憾。[22] 斯沃斯莫尔学院教授巴里·施瓦茨在其著作《选择的悖论》（他最初颇为直白地将其命名为《选择的控制》）的标题中高度概括了这一悖论。他进一步发现世界上有两种人：第一种人总是在寻找交易，寻求可能的最佳选择（称其为"永不满足者"）；第二种人在找到"足够好的"选择时会心满意足（称其为"知足常乐者"）。每当我告诉人们我自己的一些关于永不满足者和知足常乐者的研究时，他们总是能立即将自己（和他们所爱的人）归为这两种人中的一种。

问题是，尽管永不满足者愿意牺牲他们的时间、精力和金钱，殚精竭虑，有计划地仔细搜索收集所有可能的选择（我记得我的一个本科学生花了几个月时间四处寻找一流的医生给自己做激光眼科手术，她不仅花了数周时间在网上搜索，而且还走访了许多医生、医生的助手以及他们以前接诊的病人），但他们最终对自己的选择还是会感到很不满意（就像这个学生最终所感觉的那样）。例如，在一项研究中，研究者对永不满足者和知足常乐者的求职情况进行了比较，结果发现，从客观上来说，永不满足者比知足常乐者得到的工作更好一些（起始薪水高20%）。从这一点来看，前者付出的长期艰苦努力似乎真的得到了回报，但令人惊讶的是，他们对就业结果的满意度却低于后者。[23]

如果你是一个永不满足的人，那么你对完美选择无休无止的追求，以及从众多选择中进行甄别和筛选的过程——会让你感到更加不满与失望。为什么？第一，因为你做的决定越多，就会越疲惫，意志力也会越弱，这会让你感到筋疲力尽，做出更糟糕的选择。[24] 第二，因为选择越多，做的调查越多，你就越有可能做出令人满意的选择，因而你越有可能认为出现不可接受的结果是你自己的过错，你就越有可能注意到周围人的选择比你的选择更好，你就越有理由感到遗憾。如果你花了数年时间为自己寻找所有可能的职业，最终选择从事音乐，但没有成功，那么你就会责备自己，嫉妒那位明智地选择了对冲基金交易的大学室友，进而陷入悔恨。相反，如果你在没有事先充分考虑的情况下就尝试创业，结果没有成功，那你可以将失败的责任归咎于其他人（或者运气不佳）。

自责会加深遗憾，自我怀疑会让遗憾之情更加强烈。如果你天生就是一个永不满足者，那么你很有可能会感到遗憾，因为作为一个永不满足的人，你在乎的不仅是令人满意的结果，而且是有史以来最好的结果，但从某种意义来说，任何结果都不会十全十美，任何结果都存在某些微小的缺陷或瑕疵。

为了防止对生活产生遗憾，为了应对意外情况的发生，我们要做好准备，努力消除自身所有永不满足的癖性，使自己成为知足常乐之人。这虽不容易，但却可以做到。巴里·施瓦茨教授给出了以下 4 个建议。

停止比较

第一个建议与第五章讨论的内容相似，即我们应该尽量减少花在与他人比较上的时间。总会有人比我们更漂亮、更强壮、更成功、更博学、更善于表达、更有趣、更有艺术鉴赏力。我们将自己和同龄人、朋友、邻居、家人以及名人比较得越多，就越有可能发现其他人比我们过得更好或选择得更好，也就越有可能为自己的处境感到遗憾。当然，我们也会发现有些人的境遇更糟，选择得更糟，但正如我的研究所证明的那样，知道别人比我们过得更糟，并不会在某种程度上抵得过知道别人比我们过得更好。[25]

记时间日记

第二个建议是我们应该记录下在做决定上花了多少时间和精力。我一直提倡一周左右写一次时间日记，对每天 24 小时中的每一个小时进行回顾评估。[26] 人们经常对他们的发现感到惊讶。在任何情况下，如果我们发现自己浪费了大量的时间去做许多琐碎或无足轻重的决定（而不是重要的决定），那我们可能就会发现生活中还有许多更有价值的事情值得我们花时间去做，比如健身，陪孩子玩耍，或者完成手头的工作。简而言之，记时间日记可能会促使我们停止永不满足地做每一个决定，无论该决定大小与否。

寄希望于专家

第三个建议是我们应该尽量更多地依赖专家（比如精通技术的朋友）或大量信息（比如《消费者报告》中对洗碗机或汽车的平均评级，或者烂番茄网站上的影评），至少在某些领域是这样的。但对于专家，我必须强调一点：如果我们不够谨慎小心，那么咨询专家意见或评论家的评价可能会成为我们选择道路上众多障碍中的一个，会发现自己半夜三更还在浏览亚马逊上的评论，而这些评论来自同我们毫无共同之处的随机人群。简而言之，我们的目标应该是寄希望于专家的意见，但不能过于依赖此类评价或其他类型的信息（现在网络上有很多此类信息）。我们可以参考一下这些信息，但自己心中一定要有数，控制好时间或数量（例如，30分钟或一个专家朋友）。

记住：人们高估了完美

第四个建议是我们不应该期望完美，不要期望自己总是正确的，也不要在选择不够理想的时候过于自责。即使当我们真的应该受到责备时，为我们可能已经放弃的其他选择而后悔，为我们所选择的并不完全是我们想象的那样完美而自怨自艾，只会让我们感觉更糟。我们应该放下遗憾，接受结果，继续前进。正如第一章所讨论的，消除自责的方法是多想一想我们生活中的诸多好事，对其常怀感恩之心。

小结

意识到我们可能永远达不到渴望已久的目标，或者意识到我们错过了某个无与伦比的机会，这无疑是痛苦的。遗憾的是，如果认为假如无法实现某些梦想，我们就不能幸福，即认为幸福和遗憾不能共存，那这种感觉会让我们产生最初的反应（或"最初的想法"），陷入念念不忘的循环反刍。这不仅于事无补，而且会带来恶果。其实，消极悲观地沉湎于遗憾不仅会加重我们的悲观、绝望和失落感，而且还会驱使我们想要放弃其他仍然可以实现的梦想。因此，不要选择那种毫无意义的自我反省，而要选择改变对遗憾的危害或危险的看法。不要让遗憾和假设危害我们的幸福，而要选择重新审视它们，帮助我们成长为更练达、更聪明、最终更幸福的人。心理学理论和研究表明，当我们被假设、后悔和遗憾吞噬时，当我们面临选择困难时，最理智的反应就是反思假设或"反事实"能教会我们什么，以及它们能给我们带来什么（比如，过去的某次创伤最终带来好运，给生活带来富足和意义），而不要让它们束缚我们。我们应当适当地冒险（或者冒大一点儿的风险），以此防止对不作为感到遗憾后悔（例如，面对昨天行动的失败，我们今天要勇敢地、毫无保留地大声说出来）。我们的目标应当是那些"还不错"的选择，而不是完美的选择。

第十章

如果生命中最美好的时光已经逝去，我就不会幸福

　　对我们中的一些人来说，醒来的一瞬间是最灰暗、最悲观的。我们可能会意识到，天亮时分的那些想法并不十分理性，但我们仍然忍不住会这样去想：这个世界对我们来说似乎无比凄凉痛苦，因为我们的未来看不到希望，过去的一切毫无意义，当前的生活只是一团乱麻。等天亮后再过上一段时间，我们的生活可能会出现欢声笑语，工作起来卓有成效，勇于创新，心情也可能会变得十分愉悦，但在清晨醒来的瞬间，我们却看不到这些可能出现的情况。清晨对我们打击最大的是我们内心明白，我们自己生命中最美好的时光已经一去不复返。这是一种感觉，一种非常自然的感觉，就像我们知道父母的名字那样自然。

　　很多人都有这些想法，即使不是每天清晨都这样，但每当我们因失望或疲劳而情绪低落时，或者每隔几周，或者也许只是偶尔，人们就会产生这样的想法。虽然我们不需要"太老"才能觉得我们最美好的时光已经结束——我们不必等到从曾经给我们带来满足和成功的工

作中退休，也不必等到孩子们长大后成家立业、离开我们——但这种感觉无疑是人们后半辈子中最普遍、最强烈的一种感觉。

- 如果未来的岁月比逝去的岁月少，我就不会幸福。
- 如果韶华已逝，我就不会幸福。

这些想法十分普遍，但这并不意味着它们没有危害、准确无误。事实上，我们对后半生的思考基于两个没有事实根据的观点，而不是一个。第一个错误观点是认为我们可以断定一生中最美好的时光。第二个错误观点是对幸福的错误认识，以为越年轻就越幸福。我的目标是逐一澄清这两个错误观点，然后提供一些有趣的实证研究，阐明我们思考过去和未来的合理（以及不合理）方式，揭示人们感到最满意的年龄和原因，并让我们做好准备，做出选择，提高我们的满足感甚至幸福指数。一旦我们改变了对生活轨迹和年龄增长的错误设想，我们就会感到更加自由，就能够改变我们对生活其他领域的看法，做出新的选择。

错误观点：我们可以断定一生中最美好的时光

让我们先来看看"我们最美好的时光已经过去"这个观点。这是我们能够知道的事情吗？也许是这样的，如果我们假设能够对某一年进行好与坏评级，并能够用图表表示我们有生之年每一年的得分——从开始记事起，一直到年迈苍苍，最后与世长辞。作为一名实验社会心理学家，我能针对这种方法提出许多方法论方面的问题，其中最重要的一点是，人类对自己过去的记忆和判断存在严重的偏见。一种名为"美好回忆"的现象表明，我们常常喜欢以更积极向上的方式回忆往事和昔日的时光。[1]例如，在三组巧妙的研究中，研究人员跟踪调查人们在进行三次不同的满怀期望的旅行之前、期间和之后的体验。在这三组研究中，旅行者们在旅途中都经历了相当多的失望、糟糕的天气、不愉快的想法、令人烦恼的争吵、偶尔的自我怀疑，以及缺乏控制感。然而，几乎在旅行刚结束一回到家里的那一刻，他们立马就把这些经历描述成充满诗情画意的田园般的经历。当我们试图回忆很久以前的一段罗曼史、在电影学院的那些年，或者我们第一次升职后的那段时光时，心中也会产生同样的偏见。关于生活中特定的情节应该如何发展，我们许多人的心目中都有一套固定的看法，并且最终会重建、重新解释、选择性地忘记这些情节中的某些方面，从而使其符合我们偏爱的那种看法。大家可以自己试着验证一下这个观点：查阅你在生活中某个所谓的"美好"时期所写的日记或所做的记录，你可能会惊讶地发现当时生活中有那么多的压力、麻烦和失望。

但是，假如我们真的能够实事求是地评价过去的岁月，那情况又会如何呢？假如我们能够像需要的那样准确评估和比较过去的岁月，那情况又会如何呢？即使这些有些可疑的假设能够成立，但仍然存在一个更大的谬论：在离开这个世界之前，我们根本无法断定哪些年是我们一生中最美好的时光。错误就是这么简单。所以，即使我们假设我们的判断准确无误，不会随时间变化而出现波动，我们也无法知道未来会是什么样子，因为毕竟，我们中有多少人曾经认为生活中最美好的岁月是大学时光，或是蜜月前后那几年？我们只是在后来的生活中，随着阅历的增加才慢慢悟出了其中的道理。现在弄清楚这一点，或许可以消除这些错误想法带来的打击，甚至可能阻止这些想法在未来的日子里给我们造成打击。

幸福的第二次机会[2]：美好回忆

假设美好的旧时光真的十分美好，那么我们现在应该如何看待它们，以便能够利用曾经拥有的好运气，而不会陷入失望或痛苦的怀旧情绪？我和几位同事发表了一篇名为《幸福与记忆》的论文[3]，其中提出了一条可以实现这一目标的途径，可以帮助我们更好地思考我们的现在和过去。这一研究围绕着"禀赋效应"与"对比效应"之间的区别展开。[4] 我们来思考一下下面这个例子：在国外生活一年的美好体验可以丰富我们的"心理银行账户"，丰富我们的生活；或者它也可能永远成为一个不利的对比对象，我们总会拿它与回国后所有未来的生活进行比较，但却永远无法达到在国外的那种体验。第一种结果体现的是禀赋效应；第二种结果体现的是对比效应。如果过去的某种积极体验（无论大小）增加了我们的幸福感（反之，如果某种消极体验减少了我们的幸福感），这就是禀赋效应，因为它本质上促成了某种记忆"禀赋"或丰富了体验银行账户。然而，当我们把现在和过去的美好时光进行比较时，会让我们感到不那么快乐，会限制我们的体验。当我们把现在和过去的糟糕日子进行比较时，也会产生对比效应，会让我们更快乐，或者至少不那么不快乐。

这一观点提出了一个深刻见解：我们并不总是知道某个特定的

人生事件会产生什么影响。初恋、孩子的出生甚至一顿丰盛的晚餐，毫无疑问都能让我们更快乐，可以丰富我们的生活，增加生活乐趣，提升和改善我们的生活。但是，我们过去那些相同的经历中所固有的喜悦、激动和新发现的人生意义，也可能与我们现在日常生活中的小快乐和失望形成消极对比，从而产生长期的悲伤和痛苦的怀旧情绪。

为了验证这个有趣的想法，我和我的合作者进行了一系列研究。我们让来自不同种族的美国大学生回忆他们童年或年轻时期发生的事情，让以色列的成年人回忆他们服兵役期间发生的事情。结果我们发现，无论是美国人，还是以色列人，那些认为自己总体上比较幸福的人更容易想起自己生活中那些正性事件，即积极的事情（也就是说，他们能从回忆中获得快乐和幸福，比如回忆起当年心潮澎湃的爱情、实现了期盼已久的目标或荣立军功等）。然而，那些认为自己总体上不幸福的人则会想起自己生活中那些负性事件，即消极的事情（也就是说，他们在回想过去的经历时总是会产生消极想法和感觉，比如回忆起当年生病、失恋、战友牺牲甚至一些微不足道的委屈，这些经历会让他们一直难以释怀、闷闷不乐，一直持续到今天）。至于对比效应，我们再次发现，那些认为自己总体上比较幸福的参与者采取的策略更合理、更灵活。换句话说，那些认为自己总体上比较幸福的人通常会将他们当前的生活同自己昔日特别消极的经历进行比较（例如，他们会说"哈哈，现在我的生活可比过去好多了"[5]），而那些长期闷闷不乐的人则通常会将他们当前的生活同自己昔日风光无限的经历进行比较（例如，他们会说"唉，还是过去的生活更精彩啊"）。

由于这些研究结果彼此关联，所以我们无法确定人们对昔日生活的不同反思方式是源于他们的幸福状态，还是反映了他们的幸福状态。但不管怎么说，这些研究结果给我们提供了一些经验教训。

第一，这些研究结果告诉我们，生命中某一事件的最终结果是不可知的。

第二，这一结果在我们的部分控制之下。

第三，我们选择回忆过去事情的方式能够决定我们当下的幸福和持久的幸福。

当我们认为自己生命中最美好的时光已经过去时，我们的做法恰恰就是系列研究中那些长期感觉不幸福的参与者的做法——将当前的生活同昔日的美好时光进行比较。在自己尚未年老体弱、没有失去朋友或亲人之前，你是否还在盲目地回忆自己更幸福的时光，回忆之前更年轻、更优秀、更浪漫的自己，甚至之前那些并不太幸福的日子？回顾这些昔日岁月，把它们与现在进行对比，会使我们感到忧郁和怀旧。选择性地回忆或夸大早年的快乐时光也会使我们忽视今天生活中的快乐。[6]

想象一下，站在影片《卡萨布兰卡》中亨弗莱·鲍嘉饰演的主人公里克·布莱恩的立场上，你会觉得自己生命中最美好的一年是和英格丽·褒曼饰演的伊尔莎·隆德一起在巴黎度过的那一年。在那个世界上最浪漫的城市里，你们沉浸在一段疯狂的浪漫恋情之中。由于你无法控制的原因，这段恋情不得不结束，而且结束得无比凄惨，你现在所拥有的只是回忆。这些回忆可能会成为你持久幸福的源泉，但也可能会永远破坏你未来的幸福，假如你总是把你未来的恋情（不管多么美好的恋情）和那段浪漫的巴黎之恋进行比较。你准备带着怎样的观点和回忆继续生活呢？我建议你听从女王伊丽莎白二世的建议，她曾经这样说过："美好的回忆是我们获得幸福的第二次机会。"我建议你利用自己的回忆来提升幸福，而不是破坏幸福。何去何从，选择权在你。

重温幸福时光，分析不幸福的时刻

从"我们将永远拥有巴黎"系列研究中得出的经验教训应用起来并不总是很容易。如果过去的积极事件不是自然而然地发生在我们身上，而是通过对比得出的结论，那么这些经验教训就格外具有挑战性。然而，我和我的学生在研究中提出了一个可行的策略：我们要求参与者要么反复重温他们生活中最幸福和最不幸福的日子，要么对其展开系统分析。[7] 我们在这项研究中发现了一个有趣的不对称现象，在反思幸福的经历时，让我们感到最幸福的恰恰是我们在反思不幸福的经历时让我们感到最不幸福的事情。

首先，我们的参与者在重温积极事件和分析消极事件之后变得更快乐了。换句话说，我们在回忆过去的美好事物时，比如我们举办婚礼那天，或者我们打进制胜球的那天，我们不想去剖析它，解释它，也不想把它分解成几个部分。我们不想问太多问题（比如，"为什么会这样，别人有什么感觉，如果我采取不同的做法，这一天会发生什么不同结果吗"），对这些问题的回答可能会让你的体验失去乐趣或魔力，把不同寻常的事物变成普通的东西。[8] 相反，最恰当的做法是品味和享受积极事件带来的美好回忆，就像回放视频剪辑一样在心中重温这些美好时光。这一做法可以帮助我们尽情品味当时发生的事情，并从中获得最大程度的享受和乐趣。总之，我们应该尽量接受（而不是对比）昔日的美好时光，重温幸福时光，不要对其进行分析。

其次，在考虑我们最不幸福甚至最痛苦的时刻时，研究表明，我们想做的恰恰与我刚才描述的相反。也就是说，如果我们系统地分析我们最痛苦的时刻，尽量理解它们，接受它们，从中获取意义，从而克服它们，那我们就会感觉最幸福。我的实验表明，人们可以通过有意识的行为做到这一点。例如，一步一步地写清楚某个特定事件发生的原因，以及我们经历此次事件之后的成长，或者如何解决与之相关的问题。正如我在第三章所阐述的那样，使用语言帮助我们分析这一过程（通过写作或与他人交谈）可以帮助我们理解自己的经历和磨难，可以让我们更容易地观察到以前可能没有发现的联系，并从结果中找出原因。总之，这些研究表明，我们应该尽情享受（而不是剖析）我们的幸福时光，应该努力分析理解（而不是重温）不幸福的时光。[9]

毫无疑问，每个人都会有这样的时刻——我们会对自己说"我再也不会有这么好的想法（恋情、假期、身材）"，或者"当这次旅行（工作、连胜、我孩子生命中的这段时期）结束时，之后的生活只会每况愈下"。从前面提到的经验教训中，我们可以找到两种对这些想法的最佳回应。一是把生活中的积极体验（比如，我们的巧妙想法、温馨的恋情或事业上的成功）存入我们人生体验的银行账户，这样我们就能够永远从中获得乐趣。二是尽情享受积极体验，在脑海中重温这些美好时光，不要分析其发生的原因，也不要分析为什么我们认为它永远不会再发生。重温过去的美好时光难道不会让我们更加坚信我们的生活正在走下坡路吗?如果我们能够采取第三种同样重要的做法,就不会产生这种想法。这种做法最关键的一点是,通过追求积极而有意义的目标,将过去的积极事件与未来生活联系起来。

展望未来:为个人重要的人生目标而奋斗

着眼未来而不是沉溺于看似田园诗般的过去最有效的方法之一就是朝着重要的生活目标而努力。没有行动就没有幸福[10],没有目标追求就没有幸福。然而,正如我在前文提到的,关键是要理智地选择我们的目标,培养重新确定目标的能力,从而给我们带来更大的幸福。如果你还记得,我们选择的目标必须具备内在动力,而不是外在动力(必须是由我们发自内心的意义感和愉悦感激发出来的动力,而不是由我们的父母或我们的文化催生的动力)[11];这些目标必须是和谐的(而不是互相冲突的)[12],必须满足人类与生俱来的需求(比如成为某方面的专家,与他人建立联系,为社会做出贡献,而不是单纯地渴望变得富有、强大、美丽或出名)[13],必须符合我们自己的价值观[14],必须是可以实现的,必须是灵活的。[15]而且,比较理想的情况是,我们选择的这些目标应该着眼于有所收获,而不是回避或逃避。[16]人们发现,对所有这些目标的追求都与更大的幸福感、成就感和毅力有关。

追求目标是一种增加幸福感的方法,无论我们的机会、天赋、技能和资源处于何种水平,它对我们所有人都适用。我们每个人都有自己的独到可取之处,其他人可以借鉴、学习、培养或为之努力。此外，尽管我们能够（也应该）实现我们最崇高的梦想，但我们还是需要分解该目标，从一个个小目标和日常目标开始。

所有这些建议都没有什么新意可言。关于人们如何实现他们的目标，尤其是工作目标（例如，如何把你的企业变成《财富》世界500强公司，如何赢得朋友和影响他人，如何成为百万富翁，如何变得魅力四射、名扬四海，如何著书立说）、婚恋目标（例如，如何找到你的灵魂伴侣，如何教育子女，如何理解异性，如何将自己"从丑小鸭变成白天鹅"）和健康目标（例如，如何减肥变成窈窕淑女，如何减缓衰老）等方面的图书已经多如牛毛。虽然这些著述提供了很多合理的建议，但我对此有三点疑问。第一，很多建议都是基于趣闻逸事、道听途说，而不是源于科学研究。第二，作者们通常侧重于某个特定的目标（以及实现该目标的方法），没有考虑是否应该追求这个目标。正如我刚才提到的，大量的实验证据表明，我们选择的目标类型（例如，追求财富与寻找灵魂伴侣）可能和我们实现目标的方法同样重要。第三，所有有关"追逐梦想"的著述强调的都是目标的实现，而不是目标的追求。换句话说，作者们想当然地认为读者最希望的是实现某个特定目标，关键是要达到目标顶峰。然而事实上，正如第七章所揭示的那样，研究表明，实现目标往往不能提高幸福感。[17]用《卡玛经》里面的话来说就是："人从得到所需之物的那一刻起，就不再需要它了。"[18]我们所有人都曾经有过这种经历：在实现了为之奋斗很久的目标之后，我们会感到索然无味，比如，与那个在健身房认识的帅哥约会，获得房产证，跑步达到一定距离，得到学位等。大家想必明白我的意思。

总之，如果我们未来的目标具备内在动力、比较和谐、能够满足需求、比较真实、比较灵活、能够实现，并且强调方式方法，那么这些目标就值得追求。虽然我们青春年少的日子可能已经一去不复返，但未来的岁月却充满成长、激情和冒险的机会，不过我们必须选择采取具有前瞻性的步骤。无论我们是想要改善我们的家庭关系、提高我们的生活技能、改善我们的健康状况，还是想要攒钱去南美旅行或笑口常开，我们都有能力赋予这些理想以意义和目的——把我们的注意力和精力从对过去的美好回忆中转移到对未来积极、合理的期望上。

最后一点告诫

想象和追求更光明的未来可以帮助我们防止产生这样一种想法，即从现在开始，一切幸福都在走下坡路，并可以作为一剂解药（或至少可以分散我们的注意力），让我们不再哀叹美好往昔的结束。尽管如此，但我不想让人们觉得对未来的憧憬应该是盲目的或幼稚的。英国小说家阿道司·赫胥黎以其创作的《美丽新世界》而名留青史，但他也写了一部讽刺作品《光秃秃的树叶》。书中的一个人物警告人们不要"生活在灿烂的未来……不要生活在一种永远陶醉于未来的状态中，而要为美好的幸福理想而快乐地工作"。[19] 我们可以让那些美好的理想激励自己，但不要忽略每天日常工作中的艰辛，因为只有现在付出努力，才可能一步一步接近我们心中的理想。

最美好的时光是人生下半场

无论是年轻人、中年人，还是老年人，我们大多数人都相信与衰老有关的幸福神话，即幸福会随着年龄的增长而减少，每过 10 年幸福就会变得越来越少，直到最后我们的生活充满悲伤和失落。[20]因此，当我们得知研究的最终定论时可能会感到惊讶。研究发现，当许多人认为最美好的年华早已逝去时，他们其实大错特错了。事实上，老年人比年轻人更幸福，对生活更满意，因为他们经历的积极情绪更多，消极情绪更少，他们的情绪体验更稳定，对日常消极事物和压力的变化不那么敏感。[21]尽管幸福巅峰出现的确切时间尚不清楚，因为不同的研究得出的结论有所不同——最近的三项研究表明，积极情绪体验的高峰分别出现在 64 岁、65 岁和 79 岁[22]——但可以肯定的是，青少年时期和即将成年的时期并不是人生最灿烂的黄金时期，而有可能是最消极的时期。

对于我们当中那些认为自己最美好的时光已然逝去，而且随着年龄的增长，绝对不会有任何改善的人来说，这一结果相当令人困惑。劳拉·卡斯坦森是斯坦福大学长寿研究中心的创始人，她花了 20 多年的时间研究和测试一个理论，目的是回答为什么人们随着年龄的增长会变得更幸福这一问题。[23]她认为，当我们开始意识到余生有限之时，我们就从根本上改变了对生活的看法。所剩时间越短，我们就会越看重当下，会把（相对有限的）时间和精力投入生活中真正重要的事情上。例如，随着年龄的增长，我们最重要的人际关系是家人之间的关系，而不是结识新朋友或冒险。我们会在这些关系上投入更多，抛弃那些缺乏感情关怀的关系。如此一来，我们的情感体验更可能变得平静如水，而不是大悲大喜。[24]我们也会更加欣赏生活中的积极事物，并学会从中获得更大的幸福。

当然，这并不意味着在人生过半之后我们就会一直幸福下去。随着年龄越来越大，我们会越发认识到生命的脆弱——没有什么是永恒的——并对我们剩下的所有岁月越发充满感激之情。但是，我们活得越长，就越有可能遭遇和目睹损失，从而导致我们有相对更多苦乐参半或辛酸的经历。例如，再次看到我们的妹妹会让我们感到喜悦，但同时也会感到悲伤，因为我们的哥哥已经过世。这种积极和消极情绪的同时出现，实际上可能会缓和我们的情绪波动，使其变得更加稳定。

人们认为我们可以从其他几个方面提升后半生的幸福指数。意识到自己在地球上生活的时间有限——再加上每隔10年我们会变得越发成熟，社会生存技能会进一步提高——会促使我们最大限度地提升自己的幸福感，并更有效地控制自己的情绪。例如，在感到沮丧、焦虑或愤怒时，我们可能会尽最大努力让自己感觉更好，并尽量避免与昔日那些让我们感到不幸福的人或事纠缠不清。[25] 随着年龄的增长，保持满足感、平静感、愉悦感或亲密感也会变得更容易，因为人们发现，比较成熟的人会在注意力和记忆方面表现出积极的偏见。换句话说，年龄越大，我们就越有可能专注于并记住我们周围环境、人际关系、生活经历甚至零散信息中的积极因素（而忽略消极因素）。[26] 这种积极的偏见可能是有意识的情绪调节策略的结果（例如，我们年龄越大，就会越有意识地对批评视而不见），也可能是与处理负面情绪相关的大脑结构随着年龄增长而快速萎缩的结果。[27] 然而，我们后半生的幸福不仅取决于我们自己，还取决于与我们有关的每一个人。一项有趣的研究表明，年龄越大，我们越有可能得到别人的尊重和宽容：他们与我们的对抗会越来越少，对我们的批评会越来越少，更多地会默许和原谅我们，并会努力缓和紧张关系、化解冲突。[28] 所以，生命中最美好的时光是在后半生也就不足为奇了。

小结

人到中年乃至中年之后所面临的十字路口的选择不亚于衰落与繁荣之间的选择。此时此刻，我们常常会意识到自己生命中最美好的时光已经过去，我们必须做出一个决定，是继续沉溺在对过去的幻想中，从而对未来的目标感到绝望、影响未来目标的实现，还是把注意力转向未来。本书的一个重要主题是不要听从我们的第一个想法或当时的直觉反应（例如，"我害怕变老"或者"顺其自然吧，反正我将永远被这种感觉折磨"），而是要仔细考虑本章所介绍的那项研究，识破我们对衰老的错误认识，然后我们才能够开始实践我在前文介绍的更合理、更恰当的反应。尽管我们的直觉可能会质疑我们继续保持热情的意义，但我们理性的"第二个想法"应该会告诉我们，这种质疑是没有道理的。研究结果给我们带来了令人振奋的好消息：年龄越大，我们就越幸福，在情感上也越聪明，我们的后半生可以是充满挑战、快乐和成长的一段令人兴奋的时光。事实上，本书中几乎所有的建议都可以看作年长者已有的智慧和思想中的部分内容。因此，我们所有人都能在自己真正变老之前得到年龄增长带来的好处。

为了实现这一目标，我们可以进行一系列选择——我们可以追求不同的目标，可以画出无数条通向未来的路线。所以，不要听从自己的第一个想法，而要听从第二个想法："没错，过去我曾有过快乐、激情和成功，但是未来有更多美好的事物值得期待。"或者，我们可以听从自己的第三个想法，这可能意味着接受某一领域中的失落感，但随后会转移到另一个领域："没错，我的育龄期（或者最能奔跑的时光、大学时光）已经结束，但生活中新的一页已经翻开。"从今往后，我们将以饱满的精神迎接中老年时光的到来。

结　语
幸福到底在哪里

本书写到一半的时候，6月的一个早晨，当我们正忙着为8岁的儿子准备他的第一个露宿营地时，我惊讶地发现自己怀孕了。在我经过长时间的期待、焦虑和晨吐之后，伊莎贝拉于2011年2月12日出生。那一年我44岁，我丈夫54岁，伊莎贝拉的哥哥和姐姐一个9岁，另一个马上年满12岁。

也就是说，当我在写别人生活中的危机的时候，我遇到了自己生活中的危机时刻。过去我一直认为自己的四口之家（儿女双全）是完美的，再增加任何一口人都有点儿多余，从来没有想过自己到了这个年龄还会再生孩子。我需要付出极大的精力和创造力才能维持工作与家庭生活之间的平衡，所以我断定第三个孩子会颠覆当时的一切，把整个家庭推向极限[1]，因为第三个孩子是女人退出职场的最好预兆。

事实证明，我错了。

生活有时会发生意想不到的奇特变化。第三次生孩子所付出的辛苦和花费的时间同前两次相比没有丝毫减少，而平衡年龄大得多的孩子的需求（他们面临完全不同的成长阶段）有时会使人承受极大的压力。但是，就像蒂姆·威尔逊和丹·吉尔伯特的情感预测研究的参与者一样，我没有预料到自己的心理免疫系统会如此强大，能够十分轻松、迅速地证明人到中年之后也完全可以生孩子，证明更大的家庭也是有好处的。同样，我也没有预料到生活中其他方面所发生的积极变化——我那两个大一点儿的孩子的表现出乎我的意料，他俩真心实意地提供帮助和情感支持，同事们也特意降低对我的要求，等等。随着时间的推移，我的家人也欣然接受了休闲时间的减少，现在他们非常珍惜我们拥有的宝贵的独处时间或一对一的时间。我似乎已经忘记或未能预见婴儿的小手紧紧抓住我的大手时所带来的幸福，忘记或未能预见看到她的哥哥、姐姐对她表现出超乎他们年龄的喜爱和关怀时我心中的幸福，忘记或未能预见当我们任何一个人生病或情绪低落时她的微笑或依偎带来的神奇疗愈力量。全家人都在成长和发展，没有她可是不行的。

在某些日子里，我似乎就是在实践本书给出的许多预测和建议。我很感激能有机会亲身验证相关的研究，这些研究挑战了我们对于能让人们真正感到幸福和不幸福的事物的看法，并且证明我们的这些看法常常错得十分离谱。我很高兴自己能花时间亲自审查应对生活危机的最合理的方式和方法。

我们中的许多人都在等待幸福，因为我们坚信，即使现在不幸福，等将来自己找到理想的工作、找到理想的伴侣，等将来有钱，等将来住上豪宅、儿女双全之后，我们也会幸福。相反，我们中另外一些人害怕生活中的转折点,因为我们确信这将带来巨大的痛苦,比如,遇人不淑或者孑然一身,失去金钱或工作,忍受令人担忧的健康状况,抱憾终身,以及逐渐衰老等。

大量研究都一针见血地指出了这些"情感预测"的错误,即我们大多数人所相信的对于幸福的错误认识。[2] 我写作本书的目的是整合归纳这项研究,逐一强调它与每个具体生活事件——婚姻、工作、金钱、衰老、健康等的相关性。我还希望能够让人们意识到,相信对幸福的错误认识是有害的。我们的错误期望和错误观念不仅会把可预见的人生转变成全面的危机,更糟糕的是,它们还会引导我们做出错误的决定,损害我们的精神健康。比如,如果我们相信某种婚姻、工作和成功能使我们幸福(但实际上却没有),那么对享乐适应力量的误解可能迫使我们放弃完美的婚姻和工作,或者舍弃我们的世俗财物,简化我们的生活。如果我们确信离婚、单身或年老会让我们永远痛苦,那我们可能会维持糟糕的婚姻,无奈地接受不合心意的伴侣,或者进行不必要的整容手术,因为我们认识不到适应的力量,认识不到单身和年老带来的好处。相信人们对幸福的错误认识也同样有害,会破坏我们的情感幸福。如果不了解危机的普遍性,我们可能会遭受严重的抑郁、焦虑和自卑,甚至可能产生最坏的结果——自杀。如果不知道怎样才能在失败或挫折中生存下去,那我们可能会失去生活中的所有希望。

我想再次强调的是,相信幸福神话所产生的这些有害后果是十分糟糕和没有必要的。我们必须停止等待幸福,必须停止担心可能发生的不幸。我希望,通过现在你对幸福的理解——在哪里可以找到幸福，在哪里找不到幸福——可以将你生活中的危机时刻转变成一生之中再平凡不过的一段时光，不仅没有丝毫特殊之处，而且还能够帮助你成长。除此之外，在了解什么激发了你对每一次危机时刻的情绪反应之后，你可以通过练习本书提供的建议继续自己的生活，比如，如何减缓适应，如何应对逆境，如何追求新目标，如何成长和发展等。

我们都曾经历过自己生活中的危机时刻，具体情况形形色色、各不相同，因而我所做出的最佳选择可能与你的选择不完全一致。然而，对于此类危机引发的巨大恐惧或深度失望，那些最合理的反应还是具有一些共同之处的，其中最明显的一点是，所有反应都包含了努力提升幸福感的策略，可以激励你投入自己的情感生活，就像你可能在身体、金钱或时间上进行投资一样。本书自始至终都再次呈现了最合适、最常用的一些策略。当你的注意力狭隘地集中在令人不快或痛苦的事情上时，考虑全局可能会有所帮助；当你被某些特定的意象和想法困扰时，你应该努力把注意力转移到其他事情上。此外，抱着乐观的态度看待消极情况对你是有好处的，但是这样做的时候一定要有创造性。同样对你有好处的做法还包括让自己的生活变得丰富多彩，追求具有内在动力、切实可行、变通灵活的目标，并让它们成为你自己的目标。

总之，当你意识到你对什么会让自己永远幸福和不幸福的想法在多大程度上推动了你对生活的挑战和转变的反应时，你就会做好准备，决定如何提升幸福感、如何促进自己的发展和成长。你就会静心思考，而不是视而不见；就会依靠推理，而不是全凭本能。幸福神话的破灭意味着世上根本没有能带来幸福的神奇秘方，也没有解决痛苦的万全之策——生活中没有什么比我们的想象更能带来快乐或痛苦。弄清楚这个道理，不仅能解放我们，赋予我们力量，开阔我们的视野，还能带给我们最佳的机会，让我们做出合理的选择，做正确的事情。

致　谢

在第二次世界大战期间，航空专家投入了大量的资源和精力来研究坠落的军用飞机。有一天，有人问了这样一个问题："我们为什么不研究那些在空中飞行的飞机呢？"这是对我所研究的积极心理学领域的一个恰当比喻。我们没有关注为什么抑郁的人会抑郁，孤独的人会孤独，离婚的人会离婚，而是采用系统的实证方法来研究为什么幸福的人会幸福，为什么成功的人会成功。在本书中，我试图利用最好的研究成果（包括 700 多篇学术参考文献）为我们所有人提供建议，告诉我们如何改变自己的观点、正确看待生活中最棘手的问题，如何经受生活中的各种变化，如何迎难而上、随机应变，如何避免消极体验升级，如何振奋精神继续生活。因此，如果没有加州大学河滨分校我所在院系，以及我那些非常出色的合作者、研究生和加州大学河滨分校同事的大力支持，我根本不可能完成此书。他们提供了大量学术理念，发人深省的生动对话、想法、动力，以及各种各样的帮助。虽然我提到了一些人的名字，但对更多的人给予的帮助和做出的贡献深表感激，在此一并谢过。

十多年来，肯·谢尔登一直是我极为重要的、不知疲倦的研究伙伴，在此向他表达我最真切的感谢。我还要感谢目前和最近我所带的一些研究生，感谢他们的非凡才能、奉献精神和勤奋工作，他们是凯蒂·鲍、朱莉娅·伯姆、乔·钱塞勒、马特·德拉·波塔、克里斯汀·莱尤斯、凯蒂·纳尔逊和南希·辛，他们一直尊敬我、激励我。我还要感谢我那些具有奉献精神、工作非常严谨认真的研究助手，他们让我的工作变得无比轻松。他们是塔希尔·拜吉、马特·杜宾、丹尼斯·约翰逊、威廉·李、托马斯·马丁、马丁·莫利诺斯（值得特别感谢的人）、梅丽莎·蒙热、迈克尔·罗宾斯、露西·塞拉诺、艾米丽·范·松嫩贝格、王哲和阿拉拉特·亚历克斯·亚力迦南。

非常感谢几位勇于挑战的朋友，他们阅读了本书的全部文稿，他们提出的许多深刻见解和意见，全都体现在本书中。特别感谢布雷特·西蒙斯、艾美·科热特、兰·奇尔卡和彼得·戴尔·格雷科。

感谢企鹅出版社的工作团队，他们把我那本《如何获得幸福》一书做得非常出色，这一次又对《如何跳出幸福陷阱》一书展开工作。和以前一样，他们要求我遵守阿尔伯特·爱因斯坦的那句名言："科学研究只不过是对日常思维的提炼。"即研究讨论不必是深奥的、枯燥的或难以理解的。为此，我要特别感谢无人能出其右的安·戈多夫，勤奋能干、天赋异禀的林赛·惠伦和特雷西·洛克。林赛·惠伦督促我从头到尾重新梳理本书，从未放弃让每一章每一句话都做到极致。感谢泰德·吉利，他是我遇到的最优秀的编辑。此外，感谢我的作品经纪人理查德·派恩，他的工作无与伦比，我希望他永远做我的经纪人。

感谢我的朋友们一如既往的帮助，他们让我有效平衡工作、家庭、研究、教学和写作。

我想把最深切的感谢留到最后。感谢我的家人，他们是我最大的幸福源泉，也是我感恩和灵感的源泉。我要感谢那两位出色的交换生——茱莉亚·鲍恩和安妮娜·西罗拉，在我写作的时候，她们一直照顾着我的孩子。我要感谢我的丈夫皮特，在有了三个孩子之后，他仍然是世界上最伟大的父亲和丈夫，同时也是智慧和幽默的源泉。我还要感谢三个孩子——加布里埃拉、亚历山大和伊莎贝拉，感谢他们无条件的爱、无穷无尽的好奇心，以及他们让父母永葆青春活力的能力。

注 释

注：所有参考文献（外加一个更长、更完整的版本）的 PDF 都可以搜索到，并可以从 hppt://www.faculty.ucr.edu/-sonja/papers.html 下载。

序言

1. 为什么人类会高估自己对消极事件的消极反应、对积极事件的积极反应？参见本章对此展开的精彩讨论：Gilbert, D. T., Driver-Linn, E., & Wilson, T. D. (2002). The trouble with Vronsky: Impact bias in the forecasting of future affective states. In L. F. Barrett & P. Salovey (Eds.), *The wisdom in feeling* (pp. 114–43). New York: Guilford.

2. (1) Seery, M. D., Holman, E. A., & Silver, R. C. (2010). Whatever does not kill us: Cumulative lifetime adversity, vulnerability, and resilience. *Journal of Personality and Social Psychology (JPSP), 99,* 1025–41. (2) Neff, L. A., & Broady, E. F. (2011). Stress resilience in early marriage: Can practice make perfect? *JPSP, 101,* 1050–67.

3. McAdams, D. P., Josselson, R., & Lieblich, A. (2001). *Turns in the road: Narrative studies of lives in transition.* Washington, DC: APA.

4. 杰米·佩内贝克长期以来一直在收集人们生活中最美好、最悲惨的故事，以此作为自己研究的一部分，他在自己的著作中分享了与此十分相似的例子：Pennebaker, J. W. (1997). *Opening up*. New York: Guilford.

5 这部引人入胜的文学作品阐明了为什么我们对生活中的某些变化或转折会使幸福或不幸福的预测如此离谱（或者为什么幸福的神话是错误的）。对于这部作品的两个精彩评论，请参看 (1) Wilson, T. D., & Gilbert, D. T. (2005). Affective forecasting: Knowing what to want. *Current Directions in Psychological Science (Current Directions), 14,* 131–34. (2) Gilbert, D. T., et al. (2002), op. cit. (See ch. 1, note 1). 几篇最好的实证论文，请参看 (1) Gilbert, D. T., et al. (1998). Immune neglect: A source of durability bias in affective forecasting. *JPSP, 75,* 617–38. (2) Gilbert, D. T., et al. (2004). The peculiar longevity of things not so bad. *PsychScience, 15,* 14–19. (3) Wilson, T. D., et al. (2000). Focalism: A source of durability bias in affective forecasting. *JPSP, 78,* 821–36.

6 Luhmann, M., et al. (2012). Subjective well-being and adaptation to life events: A meta-analysis. *JPSP, 102,* 592–615.

7 Salter, J. (1975). *Light years* (p. 36). New York: Random House.

8 Gladwell, M. (2005). *Blink.* New York: Little, Brown.

9 关于这两个轨道或系统有大量的文献，这里我只提供一些被高度引用的论文：(1) Bargh, J. A., & Chartrand, T. L. (1999). The unbearable automaticity of being. *American Psychologist (AmPsych), 54,* 462–79. (2) Epstein, S. (2002). Cognitive-experiential self-theory of personality. In T. Millon & Lerner, M. J. (Eds.), *Comprehensive handbook of psychology, volume 5: Personality and social psychology* (pp. 159–84). Hoboken, NJ: Wiley. (3) James, W. (1950). *The principles of psychology.* New York: Dover. (Originally published 1890). (4) Kahneman, D. (2003). A perspective on judgment and choice. *AmPsych, 58,* 697–720. (5) Sloman, S. A. (1996). The empirical case for two systems of reasoning. *Psychological Bulletin (PsychBull), 119,* 3–22. (6) Stanovich, K. E., & West, R. F. (2000). Individual differences in reasoning: Implications for the rationality debate? *BBS, 23,* 645–65.

10 (1) Tversky, A., & Kahneman, D. (1974). Judgment under uncertainty:

Heuristics and biases. *Science, 185,* 1124–31. (2) Gilovich, T., Griffin, D., & Kahneman, D. (Eds.). (2002). *Heuristics and biases.* Cambridge, UK: Cambridge University Press. (3) Bazerman, M. H. (2006). *Judgment in managerial decision making.* New York: Wiley.

11 例如，迈克尔·诺顿和凯里·莫尔维奇的研究表明，那些对朋友或同事有看似自发的积极或浪漫想法的人会对这些想法进行仔细权衡。

12 这些观点改编自 (1) Dane, E., & Pratt, M. G. (2007). Exploring intuition and its role in managerial decision making. *Academy of Management Review, 32,* 33–54. (2) Milkman, K. L., Chugh, D., & Bazerman, M. H. (2009). How can decision making be improved? *Perspectives on Psychological Science (Perspectives), 4,* 379–83.

13 (1) Higgins, E. T. (2005). Value from regulatory fit. *Current Directions, 14,* 209–13. (2) Chatman, J. (1991). Matching people and organizations: Selection and socialization in public accounting firms. *Administrative Science Quarterly, 36,* 459–84.

第一部分

第一章

1 我想在此先道歉，因为书中关于婚姻或承诺关系的部分我只使用了异性恋的例子。不过，绝大多数的研究都是针对异性恋夫妇进行的。然而，我相信，我的大多数建议（如果不是全部）同样适用于同性恋伴侣。此外，这些想法和建议对已确定关系的（未婚）夫妇和已婚夫妇同样适用。

2 有关评论，请参见 Lyubomirsky, S. (2011). Hedonic adaptation to positive and negative experiences. In S. Folkman (Ed.), *The Oxford handbook of stress, health, and coping* (pp. 200–24). New York: Oxford. 请注意：我所有的论文都可以从我的学术网站免费下载（www.faculty.ucr.edu/~sonja/papers.html），并且我的网站已经链接到本书的网站（www.themythsofhappiness.org）。

3 关于享乐适应的一些重要的论文，请参见 (1) Diener, E., Lucas, E., & Scollon, C. N. (2006). Beyond the hedonic treadmill: Revising the adaptation theory of well-being. *AmPsych, 61,* 305–14. (2) Easterlin, R. A. (2006). Life cycle happiness and its sources: Intersections of psychology, economics, and demography. *Journal of Economic Psychology, 27,* 463–82. (3) Frederick, S., & Loewenstein, G. (1999). Hedonic adaptation. In D. Kahneman, E. Diener, & N. Schwarz (Eds.), *Well-being* (pp. 302–29). New York: Russell Sage. (4) Lucas, R. E. (2007). Adaptation and the set point model of subjective well-being. *Current Directions, 16,* 75–79. (5) Lyubomirsky, S., Sheldon, K. M., & Schkade, D. (2005). Pursuing happiness: The architecture of sustainable change. *Review of General Psychology (RGP), 9,* 111–31. (6) Wilson, T. D., & Gilbert, D. T. (2008). Explaining away: A model of affective adaptation. *Perspectives, 3,* 370–86.

4 这句话出自伊丽莎白·科尔伯特。

5 Lucas, R. E., et al. (2003). Reexamining adaptation and the set point model of happiness: Reactions to changes in marital status. *JPSP, 84,* 527–39. See also (1) Lucas, R. E., & Clark, A. E. (2006). Do people really adapt to marriage? *Journal of Happiness Studies (JoHS), 7,* 405–26. (2) Stutzer, A., & Frey, B. S. (2006). Does marriage make people happy or do happy people get married? *Journal of Socio- Economics, 35,* 326–47.

6 (1) Glenn, N. D. (1990). Quantitative research on marital quality in the 1980s: A critical review. *Journal of Marriage and the Family (JMF), 52,* 818–831. (2) Rollins, B., & Feldman, H. (1970). Marriage satisfaction over the family life cycle. *JMF, 32,* 20–28. (3) Tucker, P., & Aron, A. (1993). Passionate love and marital satisfaction at key transition points in the family life cycle. *JSCP, 12,* 135–147. (4) Huston, T. L., et al. (2001). The connubial crucible: Newlywed years as predictors of marital delight, distress, and divorce. *JPSP, 80,* 237–252. (5) Karney, B. R., & Bradbury, T. N. (1997). Neuroticism, marital interaction, and the trajectory of marital satisfaction. *JPSP, 72,* 1075–1092.

7　(1) Sternberg, R. J. (1986). A triangular theory of love. *Psychological Review (PsychReview)*, 93, 119–35. (2) Hatfield, E., & Walster, G. W. (1978). *A new look at love.* Lanham, MD: University Press of America. (3) Hatfield, E., et al. (2008). The endurance of love: Passionate and companionate love in newlywed and long-term marriages. *Interpersona, 2,* 35–64.

8　(1) Hatfield, E., & Sprecher, S. (1986). Measuring passionate love in intimate relations. *Journal of Adolescence, 9,* 383–410. (2) Berscheid, E., & Walster, E. H. (1978). *Interpersonal attraction* (2nd ed.). Reading, MA: Addison-Wesley. (3) Hatfield, E., & Rapson, R. (1996). *Love and sex.* Needham Heights, MA: Allyn & Bacon.

9　Linklater, R. (Producer/Director). (2004). *Before sunset* [Motion picture]. Burbank, CA: Warner Independent Pictures.

10　有关学术参考文献，请参见Fisher, H. (1998). Lust, attraction, and attachment in mammalian relationships. *Human Nature, 9,* 23–52. For a trade book extremely accessible to the nonscientist, see Fisher, H. (2004). *Why we love.* New York: Holt.

11　在分分合合的关系中（两人不断地分手然后马上重归于好），在非常不稳定、充满冲突、虐待甚至暴力的关系中，有时维持激情之爱要付出巨大的代价。

12　(1) Murray, S. L., et al. (2011). Tempting fate or inviting happiness? Unrealistic realization prevents the decline of marital satisfaction. *PsychScience, 22,* 619–26. (2) Huston, T. L., McHale, S. M., & Crouter, A. C. (1986). When the honeymoon's over: Changes in the marriage relationship over the first year. In R. Gilmour & S. Duck (Eds.), *The emerging field of personal relationships* (pp. 109–32). Hillsdale, NJ: Erlbaum. (3) Huston et al. (2001), op. cit. (See ch. 1, note 19).

13　本书中提供的一些例子的名字、识别信息和访谈细节都有所改变。

14　(1) Lyubomirsky (2011), op. cit. (See ch. 1, note 15). (2) Sheldon, K. M., Boehm, J. K., & Lyubomirsky, S. (in press). Variety is the spice of happiness: The hedonic adaptation prevention (HAP) model. In J. Boniwell & S. David

(Eds.), *Oxford handbook of happiness*. Oxford: Oxford University Press. (2) Sheldon, K. M., & Lyubomirsky, S. (2012). The challenge of staying happier: Testing the Hedonic Adaptation Prevention (HAP) model. *Personality and Social Psychology Bulletin* (*PSPB*), *38,* 670–80.

15 Kahneman, D., & Thaler, R. H. (2006). Anomalies: Utility maximization and experienced utility. *Journal of Economic Perspectives, 20,* 221–34.

16 Sheldon, K. M., & Lyubomirsky, S. (2009). Change your actions, not your circumstances: An experimental test of the Sustainable Happiness Model. In A. K. Dutt & B. Radcliff (Eds.), *Happiness, economics, and politics* (pp. 324–42). Cheltenham, UK: Edward Elgar. See also Sheldon & Lyubomirsky (2012), op cit. See ch. 1, note 27.

17 有关评论，请参见 (1) Emmons, R. A. (2007). *THANKS!* New York: Houghton Mifflin. (2) Bryant, F. B., & Veroff, J. (2006). *Savoring*. Nahwah, NJ: Erlbaum.

18 Kubacka, K. E., et al. (2011). Maintaining close relationships: Gratitude as a motivator and a detector of relationship maintenance. *PSPB, 37,* 1362–75.

19 第四章讨论了这项研究的大部分内容及其意义，请参见 Lyubomirsky, S. (2008). *The how of happiness*. New York: Penguin Press. For a sample of relevant empirical papers, see: (1) Emmons, R. A., & McCullough, M. E. (2003). Counting blessings versus burdens: An experimental investigation of gratitude and subjective well-being in daily life. *JPSP, 84,* 377–89. (2) Lyubomirsky, Sheldon, et al. (2005), op. cit. (See ch. 1, note 16). (3) Boehm, J. K., Lyubomirsky, S., & Sheldon, K. M. (2011). A longitudinal experimental study comparing the effectiveness of happiness- enhancing strategies in Anglo Americans and Asian Americans. *Cognition & Emotion 25,* 1263–72. (4) Lyubomirsky, S., et al. (2011). Becoming happier takes both a will and a proper way: An experimental longitudinal intervention to boost well-being. *Emotion, 11,* 391–402. (5) Seligman, M. E., et al. (2005). Positive psychology progress: Empirical validation of interventions. *AmPsych, 60,* 410–21. (6) Froh, J. J., Sefick, W. J., & Emmons, R. A. (2008).

Counting blessings in early adolescents: An experimental study of gratitude and subjective well-being. *Journal of School Psychology, 46,* 213–33. (7) King, L. A. (2001). The health benefits of writing about life goals. *PSPB, 27,* 798–807. (8) Bryant, F. B., Smart, C. M., & King, S. P. (2005). Using the past to enhance the present: Boosting happiness through positive reminiscence. *JoHS, 6,* 227–60.

20 Koo, M., et al. (2008). It's a wonderful life: Mentally subtracting positive events improves people's affective states, contrary to their affective forecasts. *JPSP, 95,* 1217–24.

21 Ibid.

22 Sheldon, K. M., & Lyubomirsky, S. (2006). Achieving sustainable gains in happiness: Change your actions, not your circumstances. *JoHS, 7,* 55–86.

23 (1) Sheldon & Lyubomirsky (2006), ibid. (2) Sheldon, K. M., & Lyubomirsky, S. (2009). Change your actions, not your circumstances. In Dutt & Radcliff (Eds.), op. cit. (See ch. 1, note 29.). (3) Sheldon & Lyubomirsky (2012), op. cit. (See ch. 1, note 27.).

24 (1) Frederick & Loewenstein (1999), op. cit. (See ch. 1, note 16). (2) Helson, H. (1964). Current trends and issues in adaptation-level theory. *AmPsych, 19,* 26–38. (3) Parducci, A. (1995). *Happiness, pleasure, and judgment.* Mahwah, NJ: Erlbaum.

25 (1) Berlyne, D. E. (1970). Novelty, complexity, and hedonic value. *Perception and Psychophysics, 8*, 279–86. (2) Ratner, R. K., Kahn, B. E., & Kahneman, D. (1999). Choosing less-preferred experiences for the sake of variety. *Journal of Consumer Research (JCR), 26,* 1–15. (3) Leventhal, A. M., et al. (2007). Investigating the dynamics of affect: Psychological mechanisms of affective habituation to pleasurable stimuli. *Motivation and Emotion, 31,* 145–57.

26 (1) Rebec, G. V., et al. (1997). Regional and temporal differences in real-time dopamine efflux in the nucleus accumbens during freechoice novelty. *Brain Research, 776,* 61–67. (2) Suhara, T., et al. (2001). Dopamine D2

receptor in the insular cortex and the personality trait of novelty seeking. *NeuroImage, 13,* 891–95.

27 (1) Arias-Carrión, O., & Pöppel, E. (2007). Dopamine, learning, and reward-seeking behavior. *Acta Neurobiologiae Experimentalis, 67,* 481–88. (2) Ashby, F. G., Isen, A. M., & Turken, U. (1999). A neurobiological theory of positive affect and its influence on cognition. *PsychReview, 106,* 529–50.

28 Sheldon et al. (in press), op. cit. See ch. 1, note 27.

29 Norton, M. I., Frost, J. H., & Ariely, D. (2007). Less is more: The lure of ambiguity, or why familiarity breeds contempt. *JPSP, 92,* 97–105.

30 Wilson & Gilbert (2008), op. cit. See ch. 1, note 16.

31 Wilson, T. D., et al. (2005). The pleasures of uncertainty: Prolonging positive moods in ways people do not anticipate. *JPSP, 88,* 5–21.

32 Berns, G. S., et al. (2001). Predictability modulates human brain response to reward. *The Journal of Neuroscience, 21,* 2793–98.

33 Langer, E. (2005). *On becoming an artist.* New York: Ballantine.

34 (1) Nelson, L. D., & Meyvis, T. (2008). Interrupted consumption: Disrupting adaptation to hedonic experiences. *Journal of Marketing Research, XLV,* 654–64. (2) Nelson, L. D., Meyvis, T., & Galak, J. (2008). Enhancing the television viewing experience through commercial interruptions. *JCR, 36,* 160–72.

35 Nelson, Meyvis, & Galak (2008), ibid.

36 James, W. (1899). *Talks to teachers on psychology* (p. 105). Boston: George H. Ellis.

37 Reissman, C., Aron, A., & Bergen, M. R. (1993). Shared activities and marital satisfaction: Causal direction and self-expansion versus boredom. *Journal of Social and Personal Relationships, 10,* 243–54.

38 Aron, A., et al. (2000). Couples' shared participation in novel and arousing activities and experienced relationship quality. *JPSP, 78,* 273–84.

39 Graham, J. M. (2008). Self-expansion and flow in couples' momentary experiences: An experience sampling study. *JPSP, 95,* 679-94.

40 Dutton, D. G., & Aron, A. (1974). Some evidence for heightened sexual attraction under conditions of high anxiety. *JPSP, 30,* 510–17.

41 Slatcher, R. B. (2008, January). *Effects of couple friendships on relationship closeness.* Talk presented at the annual SPSP meeting, Albuquerque, NM.

42 Groening, M. (1994). "Warning signs your lover is bored: 1. Passionless kisses. 2. Frequent sighing. 3. Moved, left no forwarding address." From *Love is hell*. New York: Pantheon.

43 (1) O'Donohue, W. T., & Geer, J. H. (1985). The habituation of sexual arousal. *Archives of Sexual Behavior, 14,* 233–46. (2) Koukounas, E., & Over, R. (1993). Habituation and dishabituation of male sexual arousal. *Behaviour Research and Therapy, 31,* 575–85. (3) Meuwissen, I., & Over, R. (1990). Habituation and dishabituation of female sexual arousal. *Behaviour Research and Therapy, 28,* 217–26.

44 Chandler, R. (1953/1988). *The long goodbye* (p. 23). New York: Vintage.

45 Bermant, G. (1976). Sexual behavior: Hard times with the Coolidge effect. In M. H. Siegel & H. P. Zeigler (Eds.), *Psychological research* (pp. 76–103). New York: Harper.

46 Ryan, C., & Jethá, C. (2010). *Sex at dawn*. New York: Harper.

47 关于已婚女性认为自己在婚姻中失去性欲原因的揭示性研究，请参见论文 Sims, K. E., & Meana, M. (2010). Why did passion wane? A qualitative study of married women's attributions for declines in sexual desire. *Journal of Sex & Marital Therapy, 36,* 360–80. 文章介绍了女性对深度开放式访谈的回答。在这些访谈中出现了三大主题。其一，已婚女性指责婚姻剥夺了性生活中的性感，把它变成了一种义务。其二，她们指责彼此"过于熟悉"，性生活变得更加机械、例行公事，只注重结果。其三，她们抱怨说，她们作为母亲、家庭主妇或职业女性的角色，使她们很难把自己视为性伴侣。

48 (1) Laumann, E. O., et al. (1994). *The social organization of sexuality*. Chicago: University of Chicago Press. (2) Klusmann, D. (2002). Sexual motivation and the duration of partnership. *Archives of Sexual*

Behavior, 31, 275–87. (3) Levine, S. B. (2003). The nature of sexual desire: A clinician's perspective. *Archives of Sexual Behavior, 32,* 279–85. (4) Sprecher, S. (2002). Sexual satisfaction in premarital relationships: Associations with satisfaction, love, commitment, and stability. *Journal of Sex Research, 39,* 190–96. For a review, see Baumeister, R. F., & Bratslavsky, E. (1999). Passion, intimacy, and time: Passionate love as a function of change in intimacy. *Personality and Social Psychology Review (PSPR), 3,* 49–68.

49 (1) McCabe, M. P. (1997). Intimacy and quality of life among sexually dysfunctional men and women. *Journal of Sex and Marital Therapy, 23,* 276–90. (2) Trudel, G., Landry, L., & Larose, Y. (1997). Low sexual desire: The role of anxiety, depression, and marital adjustment. *Sexual and Marital Therapy, 12,* 95–99.

50 有关这一研究的精彩评论，请参见 Baumeister, R. F., Catanese, K. R., & Vohs, K. D. (2001). Is there a gender difference in strength of sex drive? Theoretical views, conceptual distinctions, and a review of relevant evidence. *PSPR, 5,* 242–73. For studies of sexual fantasies in particular, see also Leitenberg, H., & Henning, K. (1995). Sexual fantasy. *PsychBull, 117,* 469–96.

51 (1) Thompson, A. P. (1983). Extramarital sex: A review of the research literature. *Journal of Sex Research, 19,* 1–22. (2) Hunt, M. (1974). *Sexual behavior in the 70's.* Chicago: Playboy Press. (3) Kinsey, A., et al. (1953). *Sexual behavior in the human female.* Philadelphia: Saunders.

52 Blow, A. J., & Hartnett, K. (2005). Infidelity in committed relationships II: A substantive review. *Journal of Marital and Family Therapy, 31,* 217–33.

53 Tiger divorce secrets: 121 women while married to Elin (2010, April). *National Enquirer.*

54 For example, Klusmann, D. (2002). Sexual motivation and the duration of partnership. *Archives of Sexual Behavior, 31,* 275–87.

55 Chivers, M. L., & Bailey, J. M. (2005). A sex difference in features that elicit

genital response. *Biological Psychology,* 70, 115–20.

56 Chivers, M. L. (2010, June). *The puzzle of women's sexual orientation: Measurement issues in research on sexual orientation.* Paper presented at the Puzzle of Sexual Orientation Workshop, Lethbridge, Alberta, Canada.

57 Meana, M. (2010). Elucidating women's (hetero)sexual desire: Definitional challenges and content expansion. *Journal of Sex Research, 47,* 104–22.

58 Bergner, D. (2009, January 22). What do women want? *New York Times Magazine.*

59 Acevedo, B. P., & Aron, A. (2009). Does a longterm relationship kill romantic love? *RGP, 13,* 59–65.

60 Gable, S. L. (2006). Approach and avoidance social motives and goals. *Journal of Personality, 74,* 175–222. See also Elliot, A. J., & McGregor, H. A. (2001). A 2 X 2 achievement goal framework. *JPSP, 80,* 501–19.

61 (1) Gable (2006), op. cit. (See ch. 1, note 73). (2) Impett, E. A., Gable, S. L., & Peplau, L. A. (2005). Giving up and giving in: The costs and benefits of daily sacrifice in intimate relationships. *JPSP, 89,* 327–44.

62 Impett, E. A., et al. (2008). Maintaining sexual desire in intimate relationships: The importance of approach goals. *JPSP, 94,* 808–23.

63 我认为，此类著作中最精彩的当属 Gottman, J. M., & Silver, N. (1999). *The seven principles for making marriage work.* New York: Three Rivers.

64 Gable, S. L., et al. (2004). What do you do when things go right? The intrapersonal and interpersonal benefits of sharing positive events. *JPSP, 87,* 228–45.

65 Ibid.

66 Schueller, S. M., & Seligman, M. E. P. (2007, May). *Personality fit and positive interventions: Is extraversion important?* Poster presented at 19th Annual APS Convention, Washington, DC.

67 Rusbult, C. E., & Van Lange, P. A. M. (2003). Interdependence, interaction, and relationships. *Annual Review of Psychology, 54,* 351–75.

68 Stone, I. (1961). *The agony and the ecstasy.* New York: Collins.

69 Rusbult, C. E., Finkel, E. J., & Kumashiro, M. (2009). The Michelangelo phenomenon. *Current Directions, 18,* 305–09.

70 (1) Drigotas, S. M., et al. (1999). Close partner as sculptor of the ideal self: Behavioral affirmation and the Michelangelo phenomenon. *JPSP, 77,* 293–323. (2) Drigotas, S. M. (2002). The Michelangelo phenomenon and personal well-being. *Journal of Personality, 70,* 59–77. (3) Kumashiro, M., et al. (2007). To think or to do: The impact of assessment and locomotion orientation on the Michelangelo phenomenon. *Journal of Social and Personal Relationships, 24,* 591–611.

71 (1) Sheldon et al. (in press), op. cit. (See ch. 1, note 27.) (2) Lyubomirsky, Sheldon, et al. (2005), op. cit. (See ch. 1, note 16.) (3) Dunn, E. W., Aknin, L. B., & Norton, M. I. (2008). Spending money on others promotes happiness. *Science, 319,* 1687–88. (4) Williamson, G. M., & Clark, M. S. (1989). Providing help and desired relationship type as determinants of changes in moods and self-evaluations. *JPSP, 56,* 722–34. (5) Piliavin, J. A. (2003). Doing well by doing good: Benefits for the benefactor. In C. L. M. Keyes & J. Haidt (Eds.), *Flourishing* (pp. 227–47). Washington, DC: APA.

72 (1) Eibl-Eibesfeldt, I. (1989). *Human ethology.* New York: De Gruyter. (2) Hertenstein, M. J., et al. (2009). The communication of emotion via touch. *Emotion, 9,* 566–73.

73 Hertenstein, M. J. (2002). Touch: Its communicative functions in infancy. *Human Development, 45,* 70–94.

74 Korner, A. F. (1990). The many faces of touch. In K. E. Barnard & T. B. Brazelton (Eds.), *Touch* (pp. 269–97). Madison, CT: International Universities Press.

75 (1) Bowlby, J. (1951). *Maternal care and mental health.* New York: Schocken. (2) Harlow, H. F. (1958). The nature of love. *AmPsych, 13,* 673–85.

76 (1) Harlow (1958), op. cit. (See ch. 1, note 88.) (2) Ainsworth, M. D. S., et al. (1978). *Patterns of attachment.* Hillsdale, NJ: Erlbaum.

77 Punzo, F., & Alvarez, J. (2002). Effects of early contact with maternal parent

on locomotor activity and exploratory behavior in spiderlings of *Hogna carolinensis* (Araneae: Lycosidae). *Journal of Insect Behavior, 15,* 455–65.
78 Remland, M. S., Jones, T. S., & Brinkman, H. (1995). Interpersonal distance, body orientation, and touch: Effects of culture, gender, and age. *The Journal of Social Psychology, 135,* 281–97.
79 按照文中提及的顺序：(1) Rolls, E. T. (2000). The orbitofrontal cortex and reward. *Cerebral Cortex, 10,* 284–94. (2) Francis, D., & Meaney, M. J. (1999). Maternal care and the development of stress responses. *Development, 9,* 128–34. (3) Coan, J. A., Schaefer, H. S., & Davidson, R. J. (2006). Lending a hand: Social regulation of the neural response to threat. *PsychScience, 17,* 1032–39.
80 Hertenstein, M. J., et al. (2006). Touch communicates distinct emotions. *Emotion, 6,* 528–33.
81 Hertenstein et al. (2009), op. cit. See ch. 1, note 85.
82 Levav, J., & Argo, J. J. (2010). Physical contact and financial risk taking. *PsychScience, 21,* 804–10.
83 Noller, P., & Ruzzene, M. (1991). Communication in marriage: The influence of affect and cognition. In G. J. O. Fletcher & F. D. Fincham (Eds.), *Cognition in close relationships* (pp. 203–33). Hillsdale, NJ: Erlbaum.

第二章

1 Hollon, S. D., Haman, K. L., & Brown, L. L. (2002). Cognitive-behavioral treatment of depression. In I. H. Gotlib & C. L. Hammen (Eds.), *Handbook of depression* (pp. 383–403). New York: Guilford.
2 (1) Fredrickson, B. L., & Levenson, R. W. (1998). Positive emotions speed recovery from the cardiovascular sequelae of negative emotions. *Cognition and Emotion, 12,* 191–220. (2) Fredrickson, B. L., et al. (2000). The undoing effect of positive emotions. *Motivation and Emotion, 24,* 237–58. (3) Fredrickson, B. L. (2001). The role of positive emotions in positive psychology: The broaden-and-build theory of positive emotions.

AmPsych, 56, 218–26. (4) Keltner, D., & Bonnano, G. A. (1997). A study of laughter and dissociation: Distinct correlates of laughter and smiling during bereavement. *JPSP, 73,* 687–702. (5) Ong, A. D., et al. (2006). Psychological resilience, positive emotions, and successful adaptation to stress in later life. *JPSP, 91,* 730–49.

3 (1) Fredrickson, B. L., & Branigan, C. (2005). Positive emotions broaden the scope of attention and thought-action repertoires. *Cognition and Emotion, 19,* 313–32. (2) Isen, A. M., Daubman, K. A., & Nowicki, G. P. (1987). Positive affect facilitates creative problem solving. *JPSP, 52,* 1122–31. (3) Waugh, C. E., & Fredrickson, B. L. (2006). Nice to know you: Positive emotions, self-other overlap, and complex understanding in the formation of a new relationship. *The Journal of Positive Psychology, 1,* 93–106. (4) Dunn, J. R., & Schweitzer, M. E. (2005). Feeling and believing: The influence of emotion on trust. *JPSP, 88,* 736–48. (5) Fredrickson, B. L., et al. (2008). Open hearts build lives: Positive emotions, induced through loving-kindness meditation, build consequential personal resources. *JPSP, 95,* 1045–62. (6) King, L. A., et al. (2006). Positive affect and the experience of meaning in life. *JPSP, 90,* 179–96.

4 Algoe, S. B., Fredrickson, B. L., & Chow, S-M. (2011). The future of emotions research within positive psychology. In K. M. Sheldon, T. B. Kashdan, & M. F. Steger (Eds.), *Designing positive psychology* (pp. 115–32). Oxford: Oxford University Press.

5 Fredrickson, B. L., & Losada, M. F. (2005). Positive affect and the complex dynamics of human flourishing. *AmPsych, 60,* 678–86. For a terrific and accessible description of this research, and its implications for your own life, see Fredrickson, B. L. (2009). *Positivity.* New York: Crown.

6 实际的比例是 2.7:1。(1) Gottman, J. M. (1994). *What predicts divorce?* Hillsdale, NJ: Erlbaum. (2) Losada, M. (1999). The complex dynamics of high performance teams. *Mathematical and Computer Modeling, 30,* 179–92. (3) David, J. P., Green, P. J., Martin, R., & Suls, J. (1997). Differential roles

of neuroticism, extraversion, and event desirability for mood in daily life: An integrative model of top-down and bottom-up influences. *JPSP, 73,* 149–59.

7   (1) Gottman (1994), op. cit. (See ch. 2, note 102). For a critique of this work, however, see Abraham, L. (2010, March 8). Can you really predict the success of a marriage in 15 minutes? *Slate*.

8   有关精彩评论，请参见 Lambert, N. M., et al. (2011). Positive relationship science: A new frontier for positive psychology. In Sheldon et al. (Eds.), op. cit., pp. 280–92. See ch. 2, note 100.

9   Gottman, J. M. (2002). *The relationship cure*. New York: Three Rivers.

10 Jacobson, N. S., & Addis, M. E. (1993). Research on couples and couple therapy: What do we know? Where are we going? *Journal of Consulting and Clinical Psychology (JCCP), 61,* 85–93.

11 关于这个非常有趣、最近发表的文献的两篇评论，请参见 (1) McNulty, J. K. (2010). When positive processes hurt relationships. *Current Directions, 19,* 167–71. (2) McNulty, J. K., & Fincham, F. D. (2012). Beyond positive psychology? Toward a contextual view of psychological processes and well-being. *AmPsych, 67,* 101–10.

12 Ireland, M. E., et al. (2011). Language style matching predicts relationship initiation and stability. *PsychScience, 22*, 39–44.

13 (1) Karremans, J. C., & Verwijmeren, T. (2008). Mimicking attractive opposite-sex others: The role of romantic relationship status. *PSPB, 34*, 939–50. (2) Chartrand, T. L., & Van Baaren, R. (2009). Human mimicry. *Advances in Experimental Social Psychology, 41,* 219–74.

14 Ireland, M. E., & Pennebaker, J. W. (2010). Language style matching in writing: Synchrony in essays, correspondence, and poetry. *JPSP, 99,* 549–71.

15 Hall, J. A. (1984). *Nonverbal sex differences*. Baltimore, MD: The Johns Hopkins University Press.

16 See, for example, Pasupathi, M., & Rich, B. (2005). Inattentive listening undermines self-verification in personal storytelling. *Journal of

Personality, 73, 1051–86.

17 (1) Baumeister, R. F., & Leary, M. R. (1995). The need to belong: Desire for interpersonal attachments as a fundamental human motivation. *PsychBull, 117,* 497–529. (2) Caporeal, L. R. (1997). The evolution of truly social cognition: The core configuration model. *PSPR, 1*, 276–98. (3) Dunbar, R. (1996). *Grooming, gossip, and the evolution of language.* Cambridge, MA: Harvard University Press.

18 (1) Allen, K. M., et al. (1991). Presence of human friends and pet dogs as moderators of autonomic responses to stress in women. *JPSP, 61*, 582–89. (2) McConnell, A. R., et al. (1991). Friends with benefits: On the positive consequences of pet ownership. *JPSP, 101*, 1239–52.

19 Schnall, S., et al. (2008). Social support and the perception of geographical slant. *Journal of Experimental Social Psychology, 44,* 1246–55.

20 (1) Eisenberger, N. I., et al. (2007). Neural pathways link social support to attenuated neuroendocrine stress responses. *NeuroImage, 35*, 1601–12. (2) Pressman, S. D., et al. (2005). Loneliness, social network size, and immune response to influenza vaccination in college freshmen. *Health Psychology, 24,* 297–306. (3) Lepore, S. J. (1998). Problems and prospects for the social support-reactivity hypothesis. *Annals of Behavioral Medicine, 20*, 257–69.

21 Anik, L., & Norton, M. I. (2010, January). *Egotistically resourceful social capitalists: The well-being benefits of bridging social actors and building network connections.* Paper presented at the annual SPSP meeting, Las Vegas, NV.

22 Langner, T., & Michael, S. (1960). *Life stress and mental health.* New York: Free Press.

23 关于过度思虑及其危害的文献综述，请参见 (1) Lyubomirsky, S., & Tkach, C. (2004). The consequences of dysphoric rumination. In C. Papageorgiou & A. Wells (Eds.), *Rumination* (pp. 21–41). Chichester, UK: John Wiley & Sons. (2) Nolen-Hoeksema, S., Wisco, B. E., & Lyubomirsky,

24 (1) Nolen-Hoeksema, S. (2003). *Women who think too much*. New York: Holt. (2) Lyubomirsky, S. (2008). *The how of happiness*. New York: Penguin Press. (3) Carlson, R. (1997). *Don't sweat the small stuff: And it's all small stuff*. New York: Hyperion.

25 关于本书的评论，请参见 Kross, E., & Ayduk, Ö. (2011). Making meaning out of negative experiences by self-distancing. *Current Directions, 20,* 187–91.

26 Ayduk, Ö., & Kross, E. (2010). From a distance: Implications of spontaneous self- distancing for adaptive self-reflection. *JPSP, 98,* 809–29.

27 See, for example, Kross, E., Ayduk, Ö., & Mischel, W. (2005). When asking "why" doesn't hurt: Distinguishing reflective processing of negative emotions from rumination. *PsychScience, 16,* 709–15.

28 Ayduk, Ö., & Kross, E. (2008). Enhancing the pace of recovery: Self-distanced analysis of negative experiences reduces blood pressure reactivity. *PsychScience, 19,* 229–31.

29 (1) Ayduk & Kross (2010), op. cit. (See ch. 2, note 122). (2) Kross et al. (2005), op. cit. (See ch. 2, note 123.).

30 Li, X., Wei, L., & Soman, D. (2010). Sealing the emotions genie: The effects of physical enclosure on psychological closure. *PsychScience, 21,* 1047–50.

31 在已发表的研究中，参与者从各种深深的遗憾或伤害中选择思考，或者被要求思考关于婴儿悲惨死亡的新闻故事。

32 Harris, A. H. S., et al. (2006). Effects of a group forgiveness intervention on forgiveness, perceived stress, and trait-anger. *Journal of Clinical Psychology, 62,* 715–33.

33 Kang, C. (2005, October 14). On Yom Kippur, forgiveness is divine. *Los Angeles Times*.

34 Pope, A. (1711/1962). Essay on criticism. In D. J. Enright & E. DeChickera (Eds.), *English critical texts* (pp. 111–30). Oxford: Oxford University Press.

35 (1) McCullough, M. E., et al. (1998). Interpersonal forgiving in close relationships: II. Theoretical elaboration and measurement.

JPSP, 75, 1586–1603. (2) Karremans, J. C., Van Lange, P. A. M., & Holland, R. W. (2005). Forgiveness and its associations with prosocial thinking, feeling, and doing beyond the relationship with the of- fender. *PSPB, 31,* 1315–26.

36 (1) Baskin, T., & Enright, R. (2004). Intervention studies on forgiveness: A meta- analysis. *Journal of Counseling and Development, 82,* 79–90. (2) Harris et al. (2006), op. cit. (See ch. 2, note 128). (3) Karremans, J. C., et al. (2003). When forgiving enhances psychological well-being: The role of interpersonal commitment. *JPSP, 84,* 1011–26. (4) Fincham, F. D., Beach, S. R. H., & Davila, J. (2007). Longitudinal relations between forgiveness and conflict resolution in marriage. *Journal of Family Psychology (JFP), 21,* 542–45. (5) Harris, A. H. S., & Thoresen, C. E. (2005). For- giveness, unforgiveness, health, and disease. In E. L. Worthington Jr. (Ed.), *Handbook of forgiveness* (pp. 321–33). New York: Brunner-Routledge. (6) Witvliet, C. V. O., Ludwig, T. E., & Vander Laan, K. L. (2001). Granting forgiveness or harboring grudges: Implications for emotion, physiology, and health. *PsychScience, 12,* 117–23. (7) Luskin, F., Aberman, R., & DeLorenzo, A. (2003). The training of emotional competency in financial advisers. *Issues and Recent Developments in Emotional Intelligence, 1(3).*

37 (1) Ripley, J. S., & Worthington, E. L., Jr. (2002). Hope-focused and forgiveness-based group interventions to promote marital enrichment. *Journal of Counseling and Development, 80,* 452–63. (2) Freedman, S. R., & Enright, R. D. (1996). Forgiveness as an intervention goal with incest survivors. *JCCP, 64,* 983–92. (3) Al-Mabuk, R. H., & Downs, W. R. (1996). Forgiveness therapy with parents of adolescent suicide victims. *Journal of Family Psychotherapy, 7,* 21–39. (4) Coyle, C. T., & Enright, R. D. (1997). Forgiveness intervention with post abortion men. *JCCP, 65,* 1042–46. (5) Hui, E. K. P., & Chau, T. S. (2009). The impact of a forgiveness intervention with Hong Kong Chinese children hurt in interpersonal relationships. *British Journal of Guidance and Counseling, 37,* 141–56. (6) Bonach, K. (2009).

Empirical support for the application of the Forgiveness Intervention Model to postdivorce coparenting. *Journal of Divorce and Remarriage, 50,* 38–54.

38 Karremans et al. (2005), op. cit. See ch. 2, note 131.

39 McCullough, M. E. (2008). *Beyond revenge.* San Francisco: Jossey-Bass.

40 (1) Murphy, J. G. (2005). Forgiveness, self-integrity, and the value of resentment. In Worthington (Ed.), op. cit. (pp. 33–40. See ch. 2, note 132). (2) Baumeister, R. F., Exline, J. J., & Sommer, K. L. (1998). The victim role, grudge theory, and two dimensions of forgiveness. In E. L. Worthington Jr. (Ed.), *Dimensions of forgiveness* (pp. 79–104). Philadelphia: Templeton Foundation Press. (3) McNulty (2010), op. cit. (See ch. 2, note 107). (4) McNulty, J. K. (2011). The dark side of forgiveness: The tendency to forgive predicts continued psychological and physical aggression in marriage. *PSPB, 37,* 770–83. (5) McNulty & Fincham (2012), op. cit. (See ch. 2, note 107).

41 McNulty, J. K. (2008). Forgiveness in marriage: Putting the benefits into context. *JFP, 22,* 171–75.

42 Luchies, L. B., et al. (2010). The doormat effect: When forgiving erodes self-respect and self-concept clarity. *JPSP, 98,* 734–49.

43 这一故事出自 Michael Neill (www.geniuscatalyst.com).

44 Bramlett, M. D., & Mosher, W. D. (2002). *Cohabitation, marriage, divorce, and remarriage in the United States.* Hyattsville, MD: National Center for Health Statistics.

45 Luhmann et al. (2012), op. cit. (See introduction, note 6). Other studies that present evidence of people's resilience following divorce include: (1) Amato, P. R. (2010). Research on divorce: Continuing trends and new developments. *JMF, 72,* 650–66; (2) Mancini, A. D., Bonanno, G. A., & Clark, G. E. (2011). Stepping off the hedonic treadmill: Individual differences in response to major life events. *Journal of Individual Differences, 32,* 144–52.

46 Masten, A. S. (2001). Ordinary magic: Resilience processes in development. *Am- Psych, 56,* 227–38.

47 关于8种此类资源的例子，请参见 Fazio, R. J. (2009). Growth consulting: Practical methods of facilitating growth through loss and adversity. *Journal of Clinical Psychology: In Session, 65,* 532–43.

48 Lacey, H. P., Smith, D. M., & Ubel, P. A. (2006). Hope I die before I get old: Mis- predicting happiness across the adult lifespan. *JoHS, 7,* 167–82.

49 情商的概念是由 Peter Salovey and John Mayer 提出的，后因 Daniel Goleman 而广为人知：(1) Salovey, P., & Mayer, J. D. (1990). Emotional intelligence. *Imagination, Cognition, and Personality, 9,* 185–211. (2) Goleman, D. (1995). *Emotional intelligence*. New York: Bantam.

50 这是最常用的自尊量表，请参见 Rosenberg, M. (1965). *Society and the adolescent self-image*. Princeton, NJ: Princeton University Press. © 1965 Princeton University Press. Reprinted with permission from Princeton University press.

51 心理学家詹妮弗·克罗克在一篇开创性的论文中引用了一些研究人员的话，他们断言，最近的研究结果"不支持持续广泛的提高自尊的努力"（第395页）。克罗克的研究反驳了他们的结论，认为提高自尊的一种违反直觉的方法是支持他人，而不是控制自己的自我形象。追求富有同情心的目标会使人对他人更加敏感，这会使其他人对他的看法更加积极，而这反过来又会增强他的自尊。请参见 Crocker, J. (2011). Self-image and compassionate goals and construction of the social self: Implications for social and personality psychology. *PSPR, 15,* 394–407.

52 Booth, A., & Amato, P. (1991). Divorce and psychological stress. *Journal of Health and Social Behavior, 32,* 396–407.

53 Gilbert et al. (1998), op. cit. See introduction, note 5.

54 (1) Gilbert et al. (2002), op. cit. (See introduction, note 1.) (2) Gilbert et al. (1998), op. cit. (See introduction, note 5.).

55 Wilson et al. (2000), op. cit. See introduction, note 5.

56 Cohen, L. H. (2007). *House lights* (p. 299). New York: Norton.

57 Hetherington, M., & Kelly, J. (2002). *For better or worse.* New York: Norton.

58 Lansford, J. E. (2009). Parental divorce and children's adjustment.

Perspectives, 4, 140–52. Many of the studies described in this section are cited in this very nice paper.

59 Amato, P. R. (2001). Children of divorce in the 1990s: An update of the Amato and Keith (1991) meta-analysis. *JFP, 15,* 355–70.

60 (1) Hetherington & Kelly (2002), op. cit. (See ch. 2, note 153). (2) Allison, P. D., & Furstenberg, F. F. Jr. (1989). How marital dissolution affects children: Variations by age and sex. *Developmental Psychology, 25,* 540–49.

61 (1) Amato, P. R., & DeBoer, D. D. (2001). The transmission of marital instability across generations: Relationship skills or commitment to marriage? *JMF, 63,* 1038–51. Tucker, J. S., et al. (1997). Parental divorce: Effects on individual behavior and longevity. *JPSP, 73,* 381–91.

62 (1) Lykken, D. T. (2002). How relationships begin and end: A genetic perspective. In A. L. Vangelisti, H. T. Reis, & M. A. Fitzpatrick (Eds.), *Stability and change in relationships* (pp. 83–102). New York: Cambridge University Press. (2) Jocklin, V., McGue, M., & Lykken, D. T. (1996). Personality and divorce: A genetic analysis. *JPSP, 71,* 288–99.

63 Umberson, D., et al. (2005). As good as it gets? A life course perspective on marital quality. *Social Forces, 84,* 593–611.

64 (1) Kiecolt-Glaser, J. K., et al. (1987). Marital quality, marital disruption, and immune function. *Psychosomatic Medicine, 49,* 13–34. (2) Hughes, M. E., & Waite, L. J. (2009). Marital biography and health at mid-life. *Journal of Health and Social Behavior, 50,* 344–58. (3) Sprehn, G. C., et al. (2009). Decreased cancer survival in individuals separated at time of diagnosis—critical period for cancer pathophysiology? *Cancer*, *115,* 5108–16.

65 Orth-Gomér, K., et al. (2000). Marital stress worsens prognosis in women with coronary heart disease: The Stockholm Female Coronary Risk Study. *Journal of the AMA, 284*, 3008–14.

66 (1) Malarkey, W. B., et al. (1994). Hostile behavior during marital conflict alters pituitary and adrenal hormones. *Psychosomatic Medicine, 56*, 41–51. (2) Kiecolt-Glaser, J. K., et al. (2005). Hostile marital interactions,

proinflammatory cytokine production, and wound healing. *Archives of General Psychiatry, 62,* 1377–84. (3) Holt-Lundstad, J., Smith, T. B., & Layton, J. B. (2010). Social relationships and mortality risk: A meta-analytic review. *PLoS Medicine, 7,* e100316.

67 Timothy, B. Smith.

68 Amato, P. R., Loomis, L. S., & Booth, A. (1995). Parental divorce, marital conflict, and offspring well-being during early adulthood. *Social Forces, 73,* 895–915.

第三章

1 Luhmann et al. (2012), op. cit. See introduction, note 6.

2 Nelson, S. K., English, T., Kushlev, K., Dunn, E. W., & Lyubomirsky, S. (in press). In defense of parenthood: Children are associated with more joy than misery. *PsychScience.* (2) Nelson, S. K., Kushlev, K., & Lybomirsky, S. (2012). *When and why are parents happy or unhappy? A review of the association between parenthood and well-being.* Manuscript under review.

3 (1) Clark, A. E., et al. (2008). Lags and leads in life satisfaction: A test of baseline hypotheses. *The Economic Journal, 118,* F222–F243. (2) Umberson et al. (2005), op. cit. (See ch. 2, note 159.).

4 Gorchoff, S. M., John, O. P., & Helson, R. (2008). Contextualizing change in marital satisfaction during middle age. *PsychScience, 19,* 1194–1200.

5 关于类似的几个例子，请参见 (1) Twenge, J. M., Campbell, W. K., & Foster, C. A. (2003). Parenthood and marital satisfaction: A meta-analytic review. *JMF, 65,* 574–83. (2) Glenn, N. D., & Weaver, C. N. (1979). A note on family situation and global happiness. *Social Forces, 57,* 960–67. For an exception, see Nelson et al. (in press), op. cit. (See ch. 3, note 166). For a review, see Lyubomirsky, S., & Boehm, J. K. (2010). Human motives, happiness, and the puzzle of parenthood: Commentary on Kenrick et al. (2010). *Perspectives, 5,* 327–34.

6 Kahneman, D., et al. (2004). A survey method for characterizing daily

life experience: The day reconstruction method. *Science, 306,* 1776–80. However, we recently failed to replicate this result, finding that parents actually experience more happiness when interacting with their children during the day and more daily positive emotions in general: Nelson et al. (in press), op. cit. (See ch. 3, note 166).

7   Compton, W. C. (2004). *Introduction to positive psychology*. New York: Wadsworth.

8   Papp, L. M., Cummings, E. M., & Goeke-Morey, M. C. (2009). For richer, for poorer: Money as a topic of marital conflict in the home. *Family Relations, 58,* 91–103.

9   Senior, J. (2010, July 4). All joy and no fun: Why parents hate parenting. *New York Magazine.*

10   Nelson et al. (in press), op. cit. See ch. 3, note 166.

11   Loewenstein, G., & Ubel, P. A. (2006, September). *Hedonic adaptation and the role of decision and experience utility in public policy.* Paper presented at the Conference on Happiness and Public Economics, London.

12   (1) Baumeister, R. F., et al. (2001). Bad is stronger than good. *RGP, 5,* 323–70. (2) Birditt, K. S., Fingerman, K. L., & Zarit, S. (2010). Adult children's problems and successes: Implications for intergenerational ambivalence. *Journal of Gerontology, 65,* 145–53.

13   Martinez, G. M., et al. (2006). Fertility, contraception, and fatherhood: Data on men and women from cycle 6 (2002) of the 2002 National Survey of Family Growth. *Vital Health Statistics, 1*–142.

14   Hattiangadi, N., Medvec, V. H., & Gilovich, T. (1995). Failing to act: Regrets of Terman's geniuses. *International Journal of Aging and Human Development, 40,* 175–85.

15   Kanner, A. D., et al. (1981). Comparison of two modes of stress measurement: Daily hassles and uplifts versus major life events. *Journal of Behavioral Medicine, 4,* 1–39.

16   Bosson, J. K., et al. (2009). *Inaccuracies in folk wisdom: Evidence of a*

spilled milk fallacy. Unpublished manuscript, Department of Psychology, University of South Florida, Tampa, FL.

17 Gilbert et al. (2004), op. cit. See introduction, note 5.
18 Bosson et al. (2009), op. cit., p. 34. See ch. 3, note 180.
19 Gilbert et al. (2004), op. cit. See introduction, note 5.
20 Aumann, K., Galinsky, E., & Matos, K. (2011). The new male mystique (National Study of the Changing Workforce). New York: Families and Work Institute.
21 (1) Crouter, A. C., & Bumpus, M. F. (2001). Linking parents' work stress to children's and adolescents' psychological adjustment. *Current Directions, 10,* 156–59. (2) Repetti, R. L., & Wood, J. (1997). The effects of daily stress at work on mothers' interactions with preschoolers. *JFP, 11,* 90–108. (3) Repetti, R. L. (1989). Effects of daily workload on subsequent behavior during marital interaction: The roles of social withdrawal and spouse support. *JPSP, 57,* 651–59.
22 (1) Niederhoffer, K. G., & Pennebaker, J. W. (2009). Sharing one's story: On the benefits of writing or talking about emotional experience. In S. J. Lopez (Ed.), *Oxford handbook of positive psychology* (2nd ed; pp. 621–32). New York: Oxford University Press. (2) Frattaroli, J. (2006). Experimental disclosure and its moderators: A meta-analysis. *PsychBull, 132,* 823–65. (3) Pennebaker, J. W., & Seagal, J. D. (1999). Forming a story: The health benefits of narrative. *Journal of Clinical Psychology, 55,* 1243–54. (4) Finally, for a terrific introduction to Jamie Pennebaker's work, buy a copy of Pennebaker (1997). op. cit. (See ch. 1, note 4).
23 我以前的一个学生与合作者在下面这篇精彩的论文中回顾了许多此类研究：Frattaroli (2006), op. cit. See ch. 3, note 186.
24 (1) Umberson, D. (1989). Relationships with children: Explaining parents' psychological well-being. *JMF, 51,* 999–1012. (2) Hansen, T., Slagsvold, B., & Moum, T. (2009). Childlessness and psychological well-being in midlife and old age: An examination of parental status effects across a range

of outcomes. *Social Indicators Research (SIR), 94,* 343–62. (3) Spitze, G., & Logan, J. (1990). Sons, daughters, and intergen-erational social support. *JMF, 52,* 420–30. (4) Robertson, J. F. (1977). Grandmotherhood: A study of role conceptions. *JMF, 39,* 165–74.

25 (1) U.S. Government Printing Office (2009). *CIA World Factbook.* (2) De Marco, A. C. (2008). The influence of family economic status on home-leaving patterns during emerging adulthood. *Families in Society, 89,* 208–18. (3) Koo, H. P., Suchindran, C. M., & Griffith, J. D. (1987). The completion of childbearing: Change and variation in timing. *JMF, 49,* 281–93. (4) Matthews, T. J., & Hamilton, B. E. (2009). Delayed childbearing: More women are having their first child later in life. *NCHS Data Brief, 21,* 1–8. (5) Sonfield, A. (2002). Looking at men's sexual and reproductive health needs. *The Guttmacher Report on Public Policy, 5,* 7–9.

26 Pillemer, K. (2011). *30 lessons for living* (p. 117). New York: Hudson Street.

27 Bianchi, S. M. (2000). Maternal employment and time with children: Dramatic change or surprising continuity? *Demography, 4,* 401–14.

28 Milkie, M. A., Raley, S., & Bianchi, S. M. (2009). Taking on the second shift: Time allocations and time pressures of U.S. parents of preschoolers. *Social Forces, 88,* 487–517.

29 (1) Warner, J. (2005). *Perfect madness*. New York: Riverhead. (2) Furedi, F. (2002). *Paranoid parenting*. Chicago: Chicago Review Press.

30 Clinton, H. (1996). *It takes a village*. New York: Simon & Schuster.

31 It's worth mentioning that my mom is no parenting slacker, but the epitome of the sacrificial parent.

32 This quote is from Brandi Snyder.

第四章

1 这位读者一直在使用一种智能手机应用程序，跟踪用户的幸福感，并提示他们做8种不同的练习，旨在让他们更快乐。这款专为苹果手机设计的应用程序被称为"幸福生活"（www.livehappyapp.com）。我对它的经济收益不感兴趣，但它为我的实验室提供了大量有用的研究数据，显示了人们如何在现实世界中追求幸福，以及怎样才算最成功的生活。请参见 Parks, A., Della Porta, M. D., Pierce, R. S., Zilca, R., & Lyubomirsky, S. (in press). Pursuing happiness in everyday life: A naturalistic investigation of online happiness seekers. *Emotion*.

2 (1) Rainie, L., & Madden M. (2006). Not looking for love. *Pew Research Center Publications.* (2) U.S Census Bureau (2010). America's families and living arrangements: 2010. *Families and Living Arrangements.* (3) Connidis, I. A. (2001). *Family ties and aging.* Thousand Oaks, CA: Sage.

3 如果你对单身的话题感兴趣，可以读一下贝拉·德保罗的那本精彩纷呈、别具一格的著作以及凯特·博利克的那篇精彩的文章：(1) DePaulo, B. (2007). *Singled out*. New York: St. Martin's Griffin. (2) Bolick, K. (2011, November). All the single ladies. *The Atlantic*.

4 Krueger, A. B., et al. (2009). Time use and subjective well-being in France and the U.S. *SIR, 93,* 7–18.

5 (1) Haring-Hidore, M., et al. (1985). Marital status and subjective well-being: A research synthesis. *JMF, 47,* 947–53. (2) Gove, W. R., & Shin, H. (1989). The psychological well-being of divorced and widowed men and women. *Journal of Family Issues, 10,* 122–44.

6 Lucas et al. (2003), op. cit. See ch. 1, note 18.

7 (1) Hughes & Waite (2009), op. cit. (See ch. 2, note 160). (2) Tucker, J. S., et al. (1996). Marital history at midlife as a predictor of longevity: Alternative explanations to the protective effect of marriage. *Health Psychology, 15,* 94–101.

8 DePaulo, B. M., & Morris, W. L. (2005). Singles in society and in science. *Psychological Inquiry, 16,* 57–83.

9 Ibid.

10 关于更多评论，请参见：(1) Baumeister & Leary (1995), op. cit. (See ch. 2, note 113). (2)Berscheid, E., & Reis, H. T. (1998). Attraction and close relationships. In D. T. Gilbert, S. T. Fiske, & G. Lindzey (Eds.), *The*

handbook of social psychology (4th ed., vol. 2, pp. 193–281). New York: McGraw-Hill. (3) Stack, S., & Eshleman, J. R. (1998). Marital status and happiness: A 17-nation study. *JMF, 60,* 527–36.

11 关于研究积极特质与人们特质判断、亲和力、婚姻状况和婚姻满意度之间关系的文献综述，请参见 Lyubomirsky, S., King, L. A., & Diener, E. (2005). The benefits of frequent positive affect: Does happiness lead to success? *PsychBull, 131,* 803–55.

12 Harker, L., & Keltner, D. (2001). Expressions of positive emotions in women's college yearbook pictures and their relationship to personality and life outcomes across adulthood. *JPSP, 80,* 112–24.

13 Voltaire, F. (1759/1957). *Candide*. New York: Fine Editions.

14 Hornby, N. (2009). *Slam* (p. 227). New York : Riverhead.

15 (1) King (2001), op. cit. (See ch. 1, note 32). (2) Burton, C. M., & King, L. A. (2008). Effects of (very) brief writing on health: The two-minute miracle. *British Journal of Health Psychology, 13,* 9–14. (3) Lyubomirsky, Sheldon, et al. (2005), op. cit. (See ch. 1, note 16). (4) Sheldon & Lyubomirsky (2006b), op. cit. (See ch. 1, note 32). (5) Boehm et al. (2011), op. cit. (See ch. 1, note 32). (6) Lyubomirsky, Dicker- hoof, et al. (2011), op. cit. (See ch. 1, note 32.).

16 (1) Carver, C. S., Scheier, M. F., & Segerstrom, S. C. (Feb 1, 2010). Optimism. *Clinical Psychology Review.* (2) Segerstrom, S. C. (2001). Optimism, goal conflict, and stressor-related immune change. *Journal of Behavioral Medicine, 24,* 441–67. (3) Snyder, C. R., et al. (1991). The will and the ways: Development and validation of an individual-differences measure of hope. *JPSP, 60,* 570–85. (4) Lyubomirsky, S., Tkach, C., & DiMatteo, M. R. (2006). What are the differences between happiness and self-esteem? *SIR, 78,* 363–404.

17 (1) Wrosch, C., & Scheier, M. F. (2003). Personality and quality of life: The importance of optimism and goal adjustment. *Quality of Life Research, 12 (Suppl. 1),* 59–72. (2) Scheier, M. F., Weintraub, J. K., & Carver, C. S.

(1986). Coping with stress: Divergent strategies of optimists and pessimists. *JPSP, 51,* 1257–64.

18 温斯顿·丘吉尔说:"悲观主义者在每一次机会中都能看到困难,但乐观主义者在每一个困难中都能看到机会。"

19 (1) Wrosch & Scheier (2003), op. cit. (See ch. 4, note 213). (2) Wrosch, C., et al. (2003). The importance of goal disengagement in adaptive self-regulation: When giving up is beneficial. *Self-Identity, 2,* 1–20.

20 (1) Klinger, E. (1975). Consequences of commitment to and disengagement from incentives. *PsychReview, 82,* 1–25. (2) Wrosch et al. (2003), op. cit. (See ch. 4, note 215).

21 Sprangers, M. A. G., & Schwartz, C. E. (1999). Integrating response into health related quality of life research: A theoretical model. *Social Science & Medicine, 48,* 1507–15.

22 (1) U.S. Census Bureau (2010). *America's families and living arrangements: 2010.* (2) Bolick (2011), op. cit. (See ch. 4, note 199).

23 (1) Moskowitz, J. T., et al. (1996). Coping and mood during AIDS-related caregiving and bereavement. *Annals of Behavioral Medicine, 18,* 49–57. (2) Tunali, B., & Power, T. G. (1993). Creating satisfaction: A psychological perspective on stress and coping in families of handicapped children. *Journal of Child Psychology and Psychiatry, 34,* 945–57.

24 Wrosch, C., & Heckhausen, J. (1999). Control processes before and after passing a developmental deadline: Activation and deactivation of intimate relationship goals. *JPSP, 77,* 415–27.

25 Winnicott, D. (1953). Transitional objects and transitional phenomena. *International Journal of Psychoanalysis, 34,* 89–97.

第二部分

1 (1) United States Bureau of Labor Statistics. (2010). *American Time Use Survey—2009 Results* [Data file]. (2) National Sleep Foundation. (2008,

March 3). *Longer work days leave Americans nodding off on the job.* (3) Mandel, M. (2005, October 3). The real reasons you're working so hard . . . and what you can do about it. *Business Week.*

2   Harper, H. (2011). *The wealth cure.* New York: Gotham.

第五章

1   Gallup-Healthways. (2010). Gallup-Healthways Well-being Index.

2   Sigmund Freud reportedly once stated in a conversation with Carl Jung that *lieben und arbeiten*—to love and to work—are what a "normal" person should be able to perform well.

3   Boswell, W. R., Boudreau, J. W., & Tichy, J. (2005). The relationship between employee job change and job satisfaction: The honeymoon-hangover effect. *Journal of Applied Psychology, 90,* 882–92.

4   (1) Schkade, D. A., & Kahneman, D. (1998). Does living in California make people happy? A focusing illusion in judgments of life satisfaction. *PsychScience, 9,* 340–46. (2) Galak, J., Kruger, J., & Loewenstein, G. (2011). Is variety the spice of life? It all depends on rate of consumption. *Judgment & Decision Making, 6,* 230–38. (3) Frey, B., & Stutzer, A. (2002). *Happiness and economics.* Princeton, NJ: Princeton University Press. (4) Lucas et al. (2003), op. cit. (See ch. 1, note 18). (5) O'Donohue & Geer (1985), op. cit. (See ch. 1, note 56).

5   (1) Lyubomirsky (2011), op. cit. (See ch. 1, note 15). (2) Sheldon et al. (in press), op. cit. (See ch. 1, note 27). (3) Wilson & Gilbert (2008), op. cit. (See ch. 1, note 16). (4) Wilson et al. (2000), op. cit. (See introduction, note 5).

6   Ferrante, F. (2009). Education, aspirations, and life satisfaction. *Kyklos, 62,* 542–62.

7   正如哲学家亚里士多德所建议的："把你的欲望降到与现在的经济条件相当的水平。只有在你的经济条件改善之后，才能改善你的欲望。"

8   Liberman, V., Boehm, J. K., Lyubomirsky, S., & Ross, L. (2009). Happiness and memory: Affective significance of endowment and contrast.

Emotion, 9, 666–80.

9 比如，苹果手机的"幸福生活"应用程序（www.livehappyapp.com）就是基于我的著作《如何获得幸福》（企鹅出版社，2007 年），或者每个月如雨后春笋般涌现的许多其他著作。

10 埃蒙斯（2007 年）以一种通俗易懂的方式描述了感恩的好处，以及实践感恩的具体建议 (See ch. 1, note 30) and in chapter 4 of Lyubomirsky (2008), op. cit. (See introduction, note 32).

11 20 种的确存在的梦幻工作（2010 年 5 月 5 日），检索自 http://www.careeroverview.com/blog/2010/20-incredible-dream-jobs-that-really-do-exist/.

12 Starr, K. (2007, July 11). Testing video games can't possibly be harder than an afternoon with Xbox, right? *Seattle Weekly*.

13 Ensor, D. (2005, January 12). Moran: "It's dirty business." *CNN*.

14 Kurtz, J. L. (2008). Looking to the future to appreciate the present: The benefits of perceived temporal scarcity. *PsychScience, 19,* 1238–41.

15 这一领域的相关研究有数百种之多，关于评论，请参见 Locke, E. A., & Latham, G. P. (1991). Self-regulation through goal setting. *Organizational Behavior and Human Decision Processes, 50,* 212–47. Examples of self-fulfilling prophecies include placebo effects, Pygmalion effects, and stereotype threat.

16 请参阅我的一个新同事写的一本引人入胜的佳作：Mednick, S., & Ehrman, M., (2006). *Take a nap! Change your life.* New York: Workman.

17 (1) Rossi, E. L. (1991). *The 20-minute break.* Los Angeles: J. P. Tarcher. (2) Loehr, J., & Schwartz, T. (2003). *The power of full engagement.* New York: Free Press. (3) Schwartz, T., Gomes, J., & McCarthy, C. (2010). *The way we're working isn't working.* New York: Free Press.

18 Schwartz, T., & McCarthy, C. (2007, October). Manage your energy, not your time. *Harvard Business Review,* 1–10.

19 Reeve, C. (1999). *Still me* (p. 161). New York: Arrow.

20 根据美国劳工部下属的劳工统计局的分类，高级管理人员的头衔包括首席执行官、首席运营官、总经理、总裁、副总裁、学校主管、县行政长官和市长等。*Occupational Outlook Handbook, 2010-11 Edition, Top Executives*.

21 (1) Buunk, B. P., et al. (1990). The affective consequences of social comparison: Either direction has its ups and downs. *JPSP, 59,* 1238–49. (2) Major, B., Testa, M., & Bylsma, W. H. (1991). Responses to upward and downward social comparisons: The impact of esteem-relevance and perceived control. In J. Suls & T. A. Wills (Eds.), *Social comparison* (pp. 237–60). Hillsdale, NJ: Erlbaum.

22 这一概念源于一个薪酬丰厚的华尔街债券推销员的名言："你在这一行不会发财，只能达到相对贫困的新水平。"Lewis, M. (1989). *Liar's poker* (p. 251). New York: W. W. Norton.

23 (1) Lyubomirsky, S., & Ross, L. (1997). Hedonic consequences of social comparison: A contrast of happy and unhappy people. *JPSP, 73,* 1141–57. (2) Lyubomirsky, S., Tucker, K. L., & Kasri, F. (2001). Responses to hedonically conflicting social comparisons: Comparing happy and unhappy people. *European Journal of Social Psychology, 31,* 511–35. (3) Lyubomirsky, S., et al. (2011). The cognitive and hedonic costs of dwelling on achievement-related negative experiences: Implications for enduring happiness and unhappiness. *Emotion, 11,* 1152–67.

24 Lyubomirsky & Ross (1997), op. cit. See ch. 5, note 246.

25 Brosnan, S. F., & de Waal, F. B. M. (2003). Monkeys reject unequal pay. *Nature, 425,* 297–99.

26 因为不利的攀比比有利的攀比更让人痛苦，所以即使我们的朋友有一半生活得比我们好，一半生活得比我们差，我们在与他们攀比时也会感到痛苦。请参见第二章（"目标是3∶1"）以及下面的文章：(1) Baumeister, Bratslavsky, et al. (2001), op. cit. (See ch. 3, note 176). (2) Senik, C. (2009). Direct evidence on income comparisons and their welfare effects. *Journal of Economic Behavior & Organization, 72,* 408–24.

27 Sullivan, H. S. (1955, reprinted 2001). *The interpersonal theory of psychiatry*

(p. 309). London: Routledge.

28 (1) Kasser, T., & Ryan, R. M. (1996). Further examining the American dream: Differential correlates of intrinsic and extrinsic goals. *PSPB, 22,* 280–87. (2) McGregor, I., & Little, B. R. (1998). Personal projects, happiness, and meaning: On doing well and being yourself. *JPSP, 74,* 494–512. (3) Cantor, N., & Sanderson, C. A. (1999). Life task participation and well-being: The importance of taking part in daily life. In Kahneman et al. (Eds.), op. cit. (pp. 230–43. See ch. 1, note 16). (4) Sheldon, K. M., & Elliot, A. J. (1999). Goal striving, need-satisfaction, and longitudinal well-being: The Self-Concordance Model. *JPSP, 76,* 482–97. (5) Emmons, R. A., & King, L. A. (1988). Conflict among personal strivings: Immediate and long-term implications for psychological and physical well-being. *JPSP, 54,* 1040–48.

29 (1) Csikszentmihalyi, M. (1990). *Flow*. New York: Harper. (2) Kruglanski, A. W. (1996). Goals as knowledge structures. In P. M. Golwitzer & J. A. Bargh (Eds.), *The psychology of action* (pp. 599–618). New York: Guilford. (3) Lyubomirsky (2011), op. cit. (See ch. 1, note 15).

30 Thomas, E. (2009, April 6). Obama's Nobel headache. *Newsweek*.

31 (1) Carver, C. S., & Scheier, M. F. (1990). Origins and functions of positive and negative affect: A control-process view. *PsychReview, 97,* 19–35. (2) Emmons, R. A., et al. (1996). Goal orientation and emotional well-being: Linking goals and affect through the self. *Striving and feeling* (pp. 79–98). Hillsdale, NJ: Lawrence Erlbaum Associates, Inc.

32 (1) Ericsson, K. A., & Ward, P. (2007). Capturing the naturally occurring superior performance of experts in the laboratory. *Current Directions, 16,* 346–50. (2) Simonton, D. K. (2009). *Genius 101*. New York: Springer. (3) Gladwell, M. (2008). *Outliers*. New York: Little, Brown.

33 关于刻意练习的经典论文是 Ericsson, K. A., Krampe, R. T., & Tesch-Römer, C. (1993). The role of deliberate practice in the acquisition of expert performance. *PsychReview, 100,* 363–406. We should not overlook, however, some equally persuasive evidence on the role of heritable abilities.

See for example, (1) Meinz, E. J., & Hambrick, D. Z. (2010). Deliberate practice is necessary but not sufficient to explain individual differences in piano sight-reading skill: The role of working memory capacity. *PsychScience, 21,* 914–19. (2) Simonton, D. K. (2008). Scientific talent, training, and performance: Intellect, personality, and genetic endowment. *RGP, 12,* 28–46.

34 请参见安吉拉·达克沃斯的最新力作，例如 Duckworth, A. L., et al. (2011). Deliberate practice spells success: Why grittier competitors triumph at the National Spelling Bee. *Social Psychological and Personality Science, 2,* 174–81.

35 关于最近的例子，请参见 Chua, A. (2011). *Battle hymn of the tiger mother.* New York: Penguin Press.

36 更确切地说，第一种动机（努力实现某个目标，因为它从本质上来说比较吸引人，令人感到愉快）被称为"内在动机"，第二种动机（努力实现某个表现我们最深层价值观的目标）被称为"认同性动机"。为简单起见，我使用"内在动机"一词来指这两种动机。(1) Deci, E. L., & Ryan, R. M. (2000). The "what" and "why" of goal pursuits: Human needs and the self-determination of behavior. *Psychological Inquiry, 4,* 227–68. (2) Sheldon & Elliot (1999), op. cit. (See ch. 5, note 251). (3) Sheldon, K. M., & Kasser, T. (1995). Coherence and congruence: Two aspects of personality integration. *JPSP, 68,* 531–43.

37 (1) Deci & Ryan (2000), op. cit. (See ch. 5, note 259). (2) Kasser, T. (2002). *The high price of materialism.* Cambridge, MA: MIT Press. (3) Kasser, T., & Ryan, R. M. (1993). A dark side of the American dream: Correlates of financial success as a central life aspiration. *JPSP, 65,* 410–22. (4) Niemiec, C. P., Ryan, R. M., & Deci, E. L. (2009). The path taken: Consequences of attaining intrinsic and extrinsic aspirations in postcollege life. *Journal of Research in Personality, 43,* 291–306.

38 Quinn, M. (2007, November 24). The iPod lecture circuits. *Los Angeles Times.*

39 Norcross, J. C., Mrykalo, M. S., & Blagys, M. D. (2002). Auld lang syne: Success predictors, change processes, and self-reported outcomes of New Year's resolvers and nonresolvers. *Journal of Clinical Psychology, 58,* 397–405.

40 (1) Brunstein, J. C., Dangelmayer, G., & Schultheiss, O. C. (1996). Personal goals and social support in close relationships: Effects on relationship mood and marital satisfaction. *JPSP, 71,* 1006–19. (2) Rusbult et al. (2009), op. cit. (See ch. 1, note 82).

41 (1) Maslow, A. H. (1943). A theory of human motivation. *PsychReview, 50,* 370–96. (2) Maslow, A. H. (1970). *Motivation and personality* (2nd ed.). New York: Harper. (3) William Compton, Department of Psychology, Middle Tennessee University. Personal communication, 2007.

第六章

1 Easterbrook, G. (2009). *Sonic boom*. New York: Random House. (2) Gosselin, P. (2008). *High wire*. New York: Basic Books.

2 For a review of this vast literature, see Diener, E., & Biswas-Diener, R. (2002). Will money increase subjective well-being? A literature review and guide to needed research. *SIR, 57,* 119–69.

3 (1) Diener, E., et al. (2010). Wealth and happiness across the world: Material prosperity predicts life evaluation, whereas psychosocial prosperity predicts positive feeling. *JPSP, 99,* 52–61. (2) Kahneman, D., & Deaton, A. (2010). High income improves evaluation of life but not emotional well-being. *PNAS, 107,* 16489–93. (3) Luhmann, M., Schimmack, U., & Eid, M. (2011). Stability and variability in the relationship between subjective well-being and income. *Journal of Research in Personality, 45,* 186–97.

4 Kahneman & Deaton (2010). op. cit. See ch. 6, note 267.

5 Diener, E., et al. (2002). Dispositional affect and job outcomes. *SIR, 59,* 229–59. For a review, see Lyubomirsky, King, et al. (2005), op. cit. (See ch. 4, note 207).

6 (1) Deaton, A. (2008). Income, health and well-being around the world: Evidence from the Gallup World Poll. *Journal of Economic Perspectives, 22,* 53–72. (2) Diener et al. (2010), op. cit. (See ch. 6, note 267). (3) Eckersley, R. (2005). *Well and good* (2nd ed.). Melbourne, Australia: Text Publishing. (4) Howell, H., & Howell, C. (2008). The relation of economic status to subjective well-being in developing countries: A meta-analysis. *PsychBull, 134,* 536–60. (5) Inglehart, R. (2000). Globalization and postmodern values. *The Washington Quarterly, 23,* 215–28.

7 一项有趣的研究表明，在经历了致残的健康状况后，财富能够缓和对幸福感造成的破坏，具体请参见 Smith, D. M., et al. (2005). Health, wealth, and happiness: Financial resources buffer subjective well-being after the onset of a disability. *PsychScience, 16,* 663–66.

8 (1) Kristof, K. M. (2005, January 14). Study: Money can't buy happiness, security either. *Los Angeles Times*, C1. (2) Levine, R., & Norenzayan, A. (1999). The pace of life in 31 countries. *Journal of Cross-Cultural Psychology, 30,* 178–205. (3) Ng, W., et al. (2008). Affluence, feelings of stress, and well-being. *SIR, 57,* 119–69.

9 Quoidbach, J., et al. (2010). Money giveth, money taketh away: The dual effect of wealth on happiness. *PsychScience, 21,* 759–63.

10 (1) Diener & Biswas-Diener (2002). op. cit. (See ch. 6, note 266). (2) Inglehart, R., & Klingemann, H.-D. (2000). Genes, culture, democracy, and happiness. In E. Diener & E. M. Suh (Eds.), *Subjective well-being across cultures* (pp. 165–83). Cambridge, MA: MIT Press. (3) Stevenson, B., & Wolfers, J. (2008). Economic growth and happiness: Reassessing the Easterlin paradox. *Brookings Papers on Economic Activity*, 1–87.

11 这一发现是所谓的伊斯特林悖论的核心：(1) Easterlin, R. A. (1974). Does economic growth improve the human lot? Some empirical evidence. In P. A. David & M. W. Reder (Eds.), *Nations and households in economic growth* (pp. 89–125). New York: Academic Press. (2) Easterlin, R. A., et al. (2010). The happiness-income paradox revisited. *PNAS, 107,* 22463–22468.

(3) Diener, E., Oishi, S., & Tay, L. (2011). *Easterlin is wrong—and right: Income, psychosocial factors, and the changing happiness of nations.* Manuscript under review. (4) Diener & Biswas- Diener (2002). op. cit. (See ch. 6, note 266). (5) Oswald, A. J. (1997). Happiness and economic performance. *The Economic Journal, 108,* 1815–31. For a recent challenge to these findings, see Stevenson & Wolfers (2008). op. cit. (See ch. 6, note 274).

12　Myers, D. G. (2000). The funds, friends, and faith of happy people. *AmPsych, 55,* 56–67.

13　(1) Boyce, C. J., Brown, G. D. A., & Moore, S. C. (2010). Money and happiness: Rank of income, not income, affects life satisfaction. *PsychScience, 21,* 471–75. (2) Clark, A. E., Frijters, P., & Shields, M. A. (2008). Relative income, happiness, and utility: An explanation for the Easterlin paradox and other puzzles. *Journal of Economic Literature, 46,* 95–144. (3) Clark, A. E., & Oswald, A. J. (1996). Satisfaction and comparison income. *Journal of Public Economics, 61,* 359–81. (4) Ferrer-i- Carbonell, A. (2005). Income and well-being: An empirical analysis of the comparison income effect. *Journal of Public Economics, 89,* 997–1019. (5) Luttmer, E. F. P. (2005). Neighbors as negatives: Relative earnings and well-being. *Quarterly Journal of Economics, 120,* 963–1002.

14　关于这一有趣研究的具体例子，请参见 (1) Mischel, W., Shoda, Y., & Rodriguez, M. L. (1989). Delay of gratification in children. *Science, 244,* 933–38. (2) Mischel, W., Shoda, Y., & Peake, P. L. (1988). The nature of adolescent competencies predicted by preschool delay of gratification. *JPSP, 54,* 687–96. (3) Eigsti, I-M., et al. (2006). Predicting cognitive control from preschool to late adolescence and young adulthood. *PsychScience, 17,* 478–84.

15　Baumeister, Bratslavsky, et al. (2001), op. cit. (See ch. 3, note 176).

16　(1) Boswell et al. (2005), op. cit. (See ch. 5, note 226). (2) Lucas, R. E. (2005). Time does not heal all wounds: A longitudinal study of reaction and adaptation to divorce. *PsychScience, 16,* 945–50. (3) Lucas et al. (2003), op. cit. (See ch. 1, note 18). (4) Lucas, R. E., et al. (2004). Unemployment alters the set point for life satisfaction. *PsychScience, 15*, 8–13. (5) Nezlek, J. B., & Gable, S. L. (2001). Depression as a moderator of relationships between positive daily events and day-to-day psychological adjustment. *PSPB, 27,* 1692–1704. (6) Sheldon, K. M., Ryan, R., & Reis, H. T. (1996). What makes for a good day? Competence and autonomy in the day and in the person. *PSPB, 22,* 1270–79.

17   (1) U.S. Federal Reserve (2010). *Balance sheet of households and nonprofit organizations* (Flow of Funds Accounts of the United States No. B.100). Board of Governors of the Federal Reserve System [Data file]. (2) Gf K Roper Public Affairs & Media, & Associated Press. (2010). *AP-GfK poll finances topline* [Data file].

18   (1) David et al. (1997), op. cit. (See ch. 2, note 102). (2) Fredrickson & Losada (2005), op. cit. (See ch. 2, note 101). (3) Gottman (1994), op. cit. (See ch. 2, note 102).

19   (1) Van Boven, L., & Gilovich, T. (2003). To do or to have? That is the question. *JPSP, 85,* 1193–1202. (2) Van Boven, L. (2005). Experientialism, materialism, and the pursuit of happiness. *RGP, 9,* 132–42. (3) Carter, T., & Gilovich, T. (2010). The relative relativity of experiential and material purchases. *JPSP, 98,* 146–59. An interesting exception, however, is materialism in people: Nicolao, L., Irwin, J. R., & Goodman, J. K. (2009). Happiness for sale: Do experiential purchases make consumers happier than material purchases? *JCR, 36,* 188–98.

20   Carter & Gilovich (2010), op. cit. See ch. 6, note 283.

21   (1) Mitchell, T. R., et al. (1997). Temporal adjustments in the evaluation of events: The "rosy view." *Journal of Experimental Social Psychology, 33,* 421–48. (2) Wirtz, D., et al. (2003). What to do on spring break? The role of predicted, online, and remembered experience in future choice. *PsychScience, 14,* 520–24.

22 Van Boven & Gilovich (2003), op. cit. See ch. 6, note 283.

23 Ibid. See also Carter, T. J., & Gilovich, T. (2012). I am what I do, not what I have. *JPSP, 102,* 1304–1317.

24 (1) Kasser (2002), op. cit. (See ch. 5, note 260). (2) Belk, R. W. (1985). Materialism: Trait aspects of living in the material world. *JCR, 12,* 265–80. (3) Richins, M. L., & Dawson, S. (1992). A consumer values orientation for materialism and its measurement: Scale development and validation. *JCR, 19,* 303–16. (4) Kashdan, T. B., & Breen, W. E. (2007). Materialism and diminished well-being: Experiential avoidance as a mediating mechanism. *Journal of Social and Clinical Psychology, 26,* 521–53. (5) Van Boven, L., Campbell, M. C., & Gilovich, T. (2010). Stigmatizing materialism: On stereotypes and impressions of materialistic and experiential pursuits. *PSPB, 36,* 551–63.

25 Diener, E., Sandvik, E., & Pavot, W. (1991). Happiness is the frequency, not the intensity, of positive versus negative affect. In F. Strack, M. Argyle, & N. Schwarz (Eds.) (1991). *Subjective well-being: An interdisciplinary perspective* (pp. 119–40). Oxford: Pergamon.

26 (1) Linville, P. W., & Fischer, G. W. (1991). Preferences for separating or combining events. *JPSP, 60,* 5–23. (2) Nelson, L. D., Meyvis, T., & Galak, J. (2009). Enhancing the television-viewing experience through commercial interruptions. *JCR, 36,* 160–72. (3) Nelson & Meyvis (2008), op. cit. (See ch. 1, note 47). (4) Zhong, J. Y., & Mitchell, V. W. (2010). A mechanism model of the effect of hedonic product consumption on well-being. *Journal of Consumer Psychology, 20,* 152–62.

27 Pollan, M. (2009). *Food rules* (p. 111). New York: Penguin.

28 Zhong & Mitchell (2010), op. cit. See ch. 6, note 290.

29 这项研究是由理查德·汤尼（诺丁汉大学）完成的。

30 Mochon, D., Norton, M. I., & Ariely, D. (2008). Getting off the hedonic treadmill, one step at a time: The impact of regular religious practice and exercise on wellbeing. *Journal of Economic Psychology, 29,* 632–42.

31 (1) Berlyne (1970), op. cit. (See ch. 1, note 38). (2) Ratner et al. (1999), op. cit. (See ch. 1, note 38).

32 Ginsberg, A. (2000). Letter to the *Wall Street Journal*. In B. Morgan (Ed.), *Deliber- ate prose* (pp. 145–46). New York: Harper Perennial.

33 (1) Havighurst, R. J., & Glasser, R. (1972). An exploratory study of reminiscence. *Journal of Gerontology*, 245–53. (2) Pasupathi, M., & Carstensen, L. L. (2003). Age and emotional experience during mutual reminiscing. *Psychology and Aging, 18,* 430–42.

34 Kahneman, D., Knetsch, J. L., & Thaler, R. H. (1991). Anomalies: The endowment effect, loss aversion, and status quo bias. *Journal of Economic Perspectives, 5,* 193–206.

35 Bucchianeri, G. W. (2009). *The American dream or the American delusion? The private and external benefits of homeownership*. Working paper, The Wharton School of Business, Philadelphia, PA.

36 Lyubomirsky (2011), op. cit. See ch. 1, note 15.

37 (1) Senior, J. (2009, May 10). Recession culture: No money changes everything, from murder rates to museum attendance, from career choices to what you eat for dinner. And not all of it for the worse. *Los Angeles Times*. (2) Gorman, A., & Becerra, H. (2009, April 11). Garage sales are a win-win in this economy. *Los Angeles Times*.

第七章

1 关键的识别信息已更改，在此非常感谢托马斯·马丁。

2 我可以引用许多经验性的文章支持这一点，但有篇文章可读性极强，并能让人大声笑出来，其作者是 Gilbert, D. (2006). *Stumbling on happiness*. New York: Knopf.

3 Shakespeare, W. (1594/2010). "The rape of Lucrece." In C. Brown (Ed.), *Venus and Adonis* (p. 109). New York: Nabu.

4 关于沃克·珀西对飓风的沉思，有一个有趣的逸事，请参见天才作家沃尔特·艾萨克森的文章：Isaacson, W. (2009). *American sketches*

(pp. 269–70). New York: Simon & Schuster.

5 Ben-Shahar, T. (2009). *The pursuit of perfect*. New York: McGraw-Hill.

6 Ridley, M. (2010). *The rational optimist*. New York: Harper.

7 (1) Quoidbach et al. (2010), op. cit. (See ch. 6, note 273). (2) Parducci, A. (1984). Value judgments: Toward a relational theory of happiness. In J. R. Eiser (Ed.), *Attitudinal judgment* (pp. 3–21). New York: Springer-Verlag. (3) Oishi, S., et al. (2007). The dynamics of daily events and well-being across cultures: When less is more. *JPSP, 93,* 685–98. (4) Brickman, P., Coates, D., & Janoff-Bulman, R. (1978). Lottery winners and accident victims: Is happiness relative? *JPSP, 36,* 917–27.

8 具体请参见 (1) Sapolsky, R. M. (2004). *Why zebras don't get ulcers*. New York: Holt. (2) Justice, B. (1988). *Who gets sick*. New York: Tarcher. (3) Overbeek, G., et al. (2010). Positive life events and mood disorders: Longitudinal evidence for an erratic lifecourse hypothesis. *Journal of Psychiatric Research, 44,* 1095–1100. (4) Brown, D. B., & McGill, K. L. (1989). The cost of good fortune: When positive life events produce negative health consequences. *JPSP, 57,* 1103–10.

9 Pryor, J. H., et al. (2010). *The American freshman: National norms fall 2010*. Los Angeles: Higher Education Research Institute, UCLA.

10 (1) Stutzer, A. (2004). The role of income aspirations in individual happiness. *Journal of Economic Behaviour and Organization, 54,* 89–109. (2) Van Praag, B. M. S., & Ferrer-i-Carbonell, A. (2004). *Happiness quantified*. Oxford: Oxford University Press.

11 具体请参见 Krueger et al. (2009), op. cit. See ch. 4, note 200.

12 Loewenstein, G., & Schkade, D. (1999). Wouldn't it be nice? Predicting future feelings. In Diener et al. (Eds.), op. cit., pp. 85–105. See ch. 1, note 16.

13 Dutt, A. K. (2009). Happiness and the relative consumption hypothesis. In Dutt & Radcliff (Eds.), op. cit., pp. 127. See ch. 1, note 29.

14 (1) Solnick, S. J., & Hemenway, D. (1998). Is more always better?

A survey on positional concerns. *Journal of Economic Behavior and Organization, 37,* 373–83. (2) Zizzo, D. J., & Oswald, A. J. (2001). Are people willing to pay to reduce others' incomes? *Annales d'Economie et de Statistique, 63/64,* 39–65.

15 Richins, M. L. (2004). The Material Values Scale: Measurement properties and development of a short form. *JCR, 31,* 209–19.

16 Ibid.

17 (1) Brown, K. W., & Kasser, T. (2005). Are psychological and ecological well-being compatible? The role of values, mindfulness, and lifestyle. *SIR, 74,* 349–68. (2) Kasser & Ryan (1993), op. cit. (See ch. 5, note 260). (3) Nickerson, C., Schwarz, N., Diener, E., & Kahneman, D. (2003). Zeroing in on the dark side of the American dream: A closer look at the negative consequences of the goal for financial success. *PsychScience, 14,* 531–36. (4) Kasser (2002), op. cit. (See ch. 5, note 260).

18 (1) Brown & Kasser (2005), op. cit. (See ch. 7, note 318). (2) Richins & Dawson (1992), op. cit. (See ch. 6, note 288).

19 (1) Belk (1985), op. cit. (See ch. 6, note 288). (2) Richins & Dawson (1992), op. cit. (See ch. 6, note 288). (3) Kashdan & Breen (2007), op. cit. (See ch. 6, note 288). (4) Kasser & Ryan (1993), op. cit. (See ch. 5, note 260). (5) Solberg, E. G., Diener, E., & Robinson, M. D. (2004). Why are materialists less satisfied? In T. Kasser & A. D. Kanner (Eds.), *Psychology and consumer culture* (pp. 29–48). Washington, DC: APA.

20 James, O. (2007). *Affluenza*. New York: Vermillion.

21 Csikszentmihalyi, M. (1999). If we are so rich, why aren't we happy? *AmPsych, 54,* 821–27.

22 Adams, J. T. (2001). *The epic of America*. New York: Simon. (Originally published 1931.)

23 另一方面，我最喜欢的另一句话来自博·德里克："那些说金钱买不到幸福的人其实是不知道去哪里购买。"

24 我发现，在这六项原则中，至少有四项原则也在下面这篇极具说服力的论文中得以阐述：Dunn, E. W., Gilbert, D. T., & Wilson, T. D. (2011). If money doesn't make you happy then you probably aren't spending it right. *Journal of Consumer Psychology, 21,* 115–25. My graduate student Joe Chancellor's and my response to these ideas is contained in Chancellor, J., & Lyubomirsky, S. (2011). Happiness and thrift: When (spending) less is (hedonically) more. *Journal of Consumer Psychology, 21,* 131–38.

25 (1) Kasser & Ryan (1993), op. cit. (See ch. 5, note 260). (2) Kasser & Ryan (1996), op. cit. (See ch. 5, note 251). (3) Ryan, R. M., & Deci, E. L. (2000). Self-determination theory and the facilitation of intrinsic motivation, social development, and well-being. *AmPsych*, *55,* 68–78.

26 (1) Koob, G. F., & Le Moal, M. (2001). Drug addiction, dysregulation of reward, and allostasis. *Neuropsychopharmacology*, *24,* 97–129. (2) Myers (2000), op. cit. (See ch. 6, note 276).

27 (1) Lyubomirsky, King, et al. (2005), op. cit. (See ch. 4, note 207). (2) Norton, M. I., et al. (2009). *From wealth to well-being: Spending money on others promotes happiness.* Paper presented at the SPSP annual meeting, Tampa, FL. (3) Otake, K., et al. (2006). Happy people become happier through kindness: A counting kindnesses intervention. *JoHS, 7,* 361–75.

28 (1) Havens, J. J. (2006). Charitable giving: How much, by whom, to what, and how? In W. W. Powell & R. Steinberg (Eds.) *The non-profit sector.* New Haven, CT: Yale University Press. (2) Easterbrook, G. (2007, March 18). A wealth of cheapskates. *Los Angeles Times*. (3) James, R. N., III, & Sharpe, D. L. (2007). The nature and causes of the U-shaped charitable giving profile. *Nonprofit and Volunteer Sector Quarterly, 36,* 218–38. See also Piff, P. K., et al. (2010). Having less, giving more: The influence of social class on prosocial behavior. *JPSP, 99,* 771–84.

29 Dunn et al. (2008), op. cit. See ch. 1, note 84.

30 Aknin, L., et al. (2010). *Prosocial spending and well-being: Cross-cultural evidence for a psychological universal.* Manuscript under review.

31 A chapter devoted to the subject of why acts of kindness make us happy and how

to practice them is in Lyubomirsky (2008), op. cit. See introduction, note 32.

32 (1) Lyubomirsky, Sheldon, et al. (2005), op. cit. (See ch. 1, note 16). (2) Sheldon et al. (in press), op. cit. (See ch. 1, note 27).

33 Layard, R. (2005). *Happiness.* London: Penguin Press.

34 Loewenstein, G. (1999). Because it is there: The challenge of mountaineering . . . for utility theory. *KYKLOS, 52,* 315–44.

35 Loewenstein, G. (1987). Anticipation and the valuation of delayed consumption. *The Economic Journal, 97,* 666–84.

36 Mitchell et al. (1997), op. cit. See ch. 6, note 285.

37 Nawijn, J., et al. (2010). Vacationers happier, but most not happier after a holiday. *Applied Research in Quality of Life, 5,* 35–47. See also Van Boven, L., & Ashworth, L. (2007). Looking forward, looking back: Anticipation is more evocative than retrospection. *Journal of Experimental Psychology: General, 136,* 289–300.

38 那位大厨是法国洗衣店的托马斯·凯勒，尽管我们最终有了那个不太可能的未来孩子（伊莎贝拉），但我们还是放弃了当初的承诺。

39 但余下的三宗罪——愤怒、骄傲和嫉妒——也距离我们不远。

40 (1) Read, D., Loewenstein, G., & Kalyanaraman, S. (1999). Mixing virtue and vice: Combining the immediacy effect and the diversification heuristic. *Journal of Behavioral Decision Making, 12,* 257–73. (2) Read, D., & Van Leeuwen, B. (1998). Predicting hunger: The effects of appetite and delay on choice. *Organizational Behavior and Human Decision Processes, 76,* 189–205.

41 Hawn, G. (2005). *Goldie: A lotus grows in the mud* (p. 163). New York: Putnam.

第三部分

第八章

1 Edwards, E. (2009). *Resilience* (p. 129 and p. 133). New York: Broadway.

2　Ibid. (p. 141).
3　我的朋友，麦吉尔大学哲学教授莎拉·斯特劳德注意到了我在这里所做的逻辑跃迁。如果我们承认我们的经验是我们同意关注的，这并不意味着我们可以控制我们关注的东西。我承认这一失误，但仍然认为该研究支持这样一种观点，即我们有能力控制我们的大部分注意力和思维过程。
4　威廉·詹姆斯有句名言："人类可以通过改变自己的心态来改变自己的生活。"
5　William, J. (1890). *Principles of psychology* (p. 402). New York: Holt.
6　Calloway, E., & Naghdi, S. (1982). An information processing model for schizophrenia. *Archives of General Psychiatry, 39,* 339–47.
7　Jacobson, N. S., & Moore, D. (1981). Spouses as observers of the events in their relationship. *JCCP, 49,* 269–77.
8　从威廉·詹姆斯到现在的心理学科学家们已经提出两种注意的证据：主动注意（我在这一节中所说的那种注意和我们可以控制的那种注意）和被动注意（被我们周围的重要或令人兴奋的事件或物体"捕获"的那种注意，如枪声或美丽的日落）。这两种注意不仅体验不同，而且似乎依赖大脑的不同部位。要了解更多信息，请参见 Kaplan, S., & Berman, M. G. (2010). Directed attention as a common resource for executive function and self-regulation. *Perspectives, 5,* 43–57.
9　Frank, R. H. (2009). The Easterlin paradox revisited. In Dutt & Radcliff (Eds.), op. cit., p. 156. See ch. 1, note 29.
10　Kaplan & Berman (2010), op. cit. See ch. 8, note 350.
11　(1) Kaplan, S. (1995). The restorative benefits of nature: Toward an integrative framework. *Journal of Environmental Psychology, 15,* 169–82. (2) Kaplan & Berman (2010), op. cit. See ch. 8, note 350.
12　(1) Kaplan, S., & Talbot, J. F. (1983). Psychological benefits of a wilderness experience. In I. Altman & J. F. Wohlwill (Eds.), *Behavior and the natural environment* (pp. 163–203). New York: Plenum. (2). Ulrich, R. S., et al. (1991). Stress recovery during exposure to natural and urban environments.

Journal of Environmental Psychology, 11, 201–30. (3) Nisbet, E. K., & Zelenski, J. M. (2011). Underestimating nearby nature: Affective forecasting errors obscure the happy path to sustainability. *PsychScience, 22,* 1101–6.

13 Berman, M. G., Jonides, J., & Kaplan, S. (2008). The cognitive benefits of interacting with nature. *PsychScience, 19,* 1207–12.

14 Mayer, F. S., et al. (2009). Why is nature beneficial? The role of connectedness to nature. *Environment and Behavior, 41,* 607–43.

15 (3) Much of this fascinating research is reviewed in Kabat-Zinn, J. (2003). Mindfulness-based interventions in context: Past, present, and future. *Clinical Psychology: Science and Practice, 10,* 144–56. See also (1) Lutz, A., et al. (2008). Regulation of the neural circuitry of emotion by compassion meditation: Effects of meditative expertise. *PLoS ONE, 3,* e1897. (2) Fredrickson et al. (2008), op. cit. (See ch. 2, note 99). (3) Davidson, R. J., et al. (2003). Alterations in brain and immune function produced by mindfulness meditation. *Psychosomatic Medicine, 65,* 564–70.

16 (1) Tang, Y.-Y., et al. (2007). Short-term meditation training improves attention and self-regulation. *PNAS, 104,* 17152–56. (2) Slagter, H. A., et al. (2007). Mental training affects use of limited brain resources. *PLoS Biology, 5,* e138. (3) MacLean, K. A., et al. (2010). Intensive meditation training improves perceptual discrimination and sustained attention. *PsychScience, 21,* 829–39.

17 (1) Fredrickson (2001), op. cit. (See ch. 2, note 98). (2) Fredrickson, B. L. (2009). *Positivity.* New York: Crown.

18 关于这些观点的评论和证据，请参见 (1) Lyubomirsky, King, et al. (2005), op. cit. (See ch. 4, note 207). (2) King et al. (2006), op. cit. (See ch. 2, note 99). (3) Cohn, M. A., et al. (2009). Happiness unpacked: Positive emotions increase life satisfaction by building resilience. *Emotion, 9,* 361–68.

19 具体请参见 Merton, R. K. (1968). The Matthew effect in science. *Science, 159(3810),* 56–63.

20 Matthew 25:29. New Revised Standard Version.

21 (1) Diener et al. (1991), op. cit. (See ch. 6, note 289). (2) Larsen, R. J., Diener, E., & Cropanzano, R. (1987). Cognitive operations associated with individual differences in affect intensity. *JPSP, 53,* 767–74.

22 Carstensen, L. L., et al. (2011). Emotional experience improves with age: Evidence based on over 10 years of experience sampling. *Psychology and Aging, 26*, 21–33.

23 Mochon et al. (2008), op. cit. See ch. 6, note 294.

24 我从爱德华那里借用了这个有趣的故事，参见 Edwards (2009), op. cit. See ch. 8, note 343.

25 Herzog, D. (2007). *Math you can use–everyday.* Hoboken, NJ: Wiley.

26 Taylor, S. E. (1991). Asymmetrical effects of positive and negative events: The mobilization-minimization hypothesis. *PsychBull, 110,* 67–85.

27 Sweeny, K., & Shepperd, J. A. (2007). Being the best bearer of bad tidings. *RGP, 11,* 235–57.

28 这句话出自大卫·迈尔斯。

29 Allen, K., Blascovich, J., & Mendes, W. B. (2002). Cardiovascular reactivity in the presence of pets, friends, and spouses: The truth about cats and dogs. *Psychosomatic Medicine, 64,* 727–39.

30 (1) Brown, J. L., et al. (2003). Social support and experimental pain. *Psychosomatic Medicine, 65,* 276–83. (2) Master, S. L., et al. (2009). A picture's worth: Partner photographs reduce experimentally induced pain. *PsychScience, 20,* 1316–18.

31 House, J. S., Landis, K. R., & Umberson, D. (1988). Social relationships and health. *Science, 241,* 540–45.

32 Berkman, L. F., & Syme, S. L. (1979). Social networks, host resistance, and mortality: A nine-year follow-up study of Alameda County residents. *American Journal of Epidemiology, 109,* 186–204.

33 Seeman, T. E., et al. (2001). Social relationships, social support, and patterns of cog- nitive aging in healthy, high-functioning older adults: MacArthur Studies of Successful Aging. *Health Psychology, 20,* 243–55.

34 关于社会支持和健康文献的三个精彩评论，请参见 (1) Cohen, S., & Janicki-Deverts, D. (2009). Can we improve our physical health by altering our social networks? *Perspectives, 4,* 375–78. (2) Uchino, B. N. (2009). Understanding the links between social support and physical health: A life-span perspective with emphasis on the separability of perceived and received support. *Perspectives, 4,* 236–55. (3) Seeman, T. E. (2000). Health promoting effects of friends and family on health outcomes in older adults. *American Journal of Health Promotion, 14,* 362–70.

35 Grant, A. M., & Wade-Benzoni, K. A. (2009). The hot and cool of death awareness at work: Mortality cues, aging, and self-protective and prosocial motivations. *Academy of Management Review, 34*, 600–622.

36 Schnell, T. (2009). The Sources of Meaning and Meaning in Life Questionnaire (SoMe): Relations to demographics and well-being. *The Journal of Positive Psychology, 4,* 483–99. Reprinted by permission of the publisher (Taylor & Francis Ltd, www.tandfonline.com).

37 Ibid.

38 http://losangeles.cbslocal.com/2011/05/18/girl-spreads-joy-to-others-while-battling- cancer/

39 Wade-Benzoni, K. A., & Tost, L. P. (2009). The egoism and altruism of intergenerational behavior. *PSPR, 13,* 165–93.

40 Pyszczynski, T., Greenberg, J., & Solomon, S. (1999). A dualprocess model of defense against conscious and unconscious deathrelated thoughts: An extension of terror management theory. *PsychReview, 106,* 835–45.

第九章

1 King, L. A., & Hicks, J. A. (2007). Whatever happened to "What might have been"? Regrets, happiness, and maturity. *AmPsych, 62,* 625–36.

2 Stewart, A. J., & Vandewater, E. A. (1999). "If I had it to do over again.": Midlife review, midcourse corrections, and women's well-being in midlife. *JPSP, 76,* 270–83.

3　Wrosch, C., Bauer, I., & Scheier, M. F. (2005). Regret and quality of life across the adult life span: The influence of disengagement and available future goals. *Psychology and Aging, 20,* 657–70.

4　Ibid.

5　King & Hicks (2007), op. cit., p. 626. See ch. 9, note 383.

6　My husband and son, lifelong Mets fans, were aghast at the title of this chapter.

7　King & Hicks (2007), op. cit., p. 630. See ch. 9, note 383.

8　(1) Nolen-Hoeksema et al. (2008), op. cit. (See ch. 2, note 119). (2) Lyubomirsky & Tkach (2004), op. cit. (See ch. 2, note 119). For a well-researched, highly accessible, and engaging review of this work, see Nolen-Hoeksema (2003), op. cit. (See ch. 2, note 120).

9　(1) McFarland, C., & Buehler, R. (1998). The impact of negative affect on autobio-graphical memory: The role of self-focused attention to moods. *JPSP, 75,* 1424–40. (2) Trapnell, P. D., & Campbell, J. D. (1999). Private self-consciousness and the five factor model of personality: Distinguishing rumination from reflection. *JPSP, 76,* 284–304. (3) Segerstrom, S. C., et al. (2003). A multidimensional structure for repetitive thought: What's on your mind, and how, and how much? *JPSP, 85,* 909–21. (4) Lyubomirsky et al. (2011), op. cit. (See ch. 5, note 246).

10　关于详尽且合理的建议，请参见 Nolen-Hoeksema (2003), op. cit. See ch. 2, note 120.

11　Stewart & Vandewater (1999), op. cit. See ch. 9, note 384.

12　我为转述莎士比亚的《哈姆雷特》而道歉，他曾说过一句名言："世上没有好坏之分，决定好坏的是思想。"

13　(1) Summerville, A., & Roese, N. J. (2008). Dare to compare: Fact-based versus simulation-based comparison in daily life. *Journal of Experimental Social Psychology, 44,* 664–71. (2) Summerville, A. (2011). Counterfactual seeking: The scenic overlook of the road not taken. *PSPB, 37,* 1522–33.

14　Kray, L. J., et al. (2010). From what *might* have been to what *must* have

been: Counterfactual thinking creates meaning. *JPSP, 98,* 106–18.
15 Ibid. (p. 109).
16 I am grateful to Landau, Greenberg, and Sullivan (2009) for this example.
17 Routledge, C., et al. (2011). The past makes the present meaningful: Nostalgia as an existential resource. *JPSP, 101,* 638–52.
18 (1) Gilovich, T., & Medvec, V. H. (1995). The experience of regret: What, when, and why. *PsychReview, 102,* 379–95. (2) Gilovich, T., et al. (2003). Regrets of action and inaction across cultures. *Journal of Cross-Cultural Psychology, 34,* 61–71.
19 Carlson (1997), op. cit. See ch. 2, note 120.
20 Zeigarnik, B. (1935). On finished and unfinished tasks. In K. Lewin (Ed.), *A dynamic theory of personality* (pp. 300–314). New York: McGraw-Hill.
21 Schwartz, B. (2004). *The paradox of choice*. New York: HarperCollins.
22 Schwartz, B., et al. (2002). Maximizing versus satisficing: Happiness is a matter of choice. *JPSP, 83,* 1178–97.
23 Iyengar, S. S., Wells, R. E., & Schwartz, B. (2006). Doing better but feeling worse: Looking for the "best" job undermines satisfaction. *PsychScience, 17,* 143–50.
24 (1) Danziger, S., Levav, J., & Avnaim-Pesso, L. (2011). Extraneous factors in judicial decisions. *PNAS, 108,* 6889–92. (2) Vohs, K. D., et al. (2008). Making choices impairs subsequent self-control: A limited-resource account of decision making, self-regulation, and active initiative. *JPSP, 94*, 883–98. (3) Levav, J., et al. (2010). Order in product customization decisions: Evidence from field experiments. *Journal of Political Economy*, 118, 274–99.
25 Lyubomirsky & Ross (1997), op. cit. See ch. 5, note 246.
26 提倡时间日记的一部优秀作品是 Vanderkam, L. (2010). *168 hours*. New York: Portfolio.

第十章

1 Mitchell et al. (1997), op. cit. See ch. 6, note 285.

2 Humphrey Bogart (as Rick Blaine) to Ingrid Bergman (as Ilsa Lund) in the film *Casablanca*.

3 要想阅读全文,请参见:Liberman et al. (2009), op. cit. See ch. 5, note 231.

4 这一区别最早由已故的阿莫斯·特沃斯基提出,他是一位才华横溢的科学家,曾与丹尼尔·卡尼曼合作,在判断和决策领域进行开创性的工作。我在这里所介绍的思想最初发表在一本小册子上:Tversky, A., & Griffin, D. (1991). Endowment and contrast in judgments of well-being. In Strack, Argyle, & Schwarz (Eds.), op. cit. (See ch. 6, note 289).

5 只有这个发现在接受调查的美国人中是明显的,而不是以色列人。

6 Lacey et al. (2006), op. cit. See ch. 2, note 144.

7 然而,正如我丈夫所说,我们第一次获得幸福的机会显然是出身于王室。

8 Lyubomirsky, S., Sousa, L., & Dickerhoof, R. (2006). The costs and benefits of writing, talking, and thinking about life's triumphs and defeats. *JPSP, 90,* 692–708.

9 蒂莫西·威尔逊和丹尼尔·吉尔伯特称这一过程为"分类":(1) Wilson, T. D., & Gilbert, D. T. (2003). Affective forecasting. *Advances in Experimental Social Psychology, 35,* 345–411. (2) Wilson et al. (2005), op. cit. (See ch. 1, note 44).

10 出自英国政治家本杰明·迪斯雷利:Disraeli, B. (2000). *Lothair* (vol. III) (p. 206). Cambridge, UK: Chadwyck-Healey Ltd.

11 相关评论,请参见 Ryan & Deci (2000), op. cit. See ch. 7, note 326.

12 (1) Emmons & King (1988), op. cit. (See ch. 5, note 251). (2) Sheldon & Kasser (1995), op. cit. (See ch. 5, note 259).

13 相关评论,请参见 Kasser & Ryan (1996), op. cit. See chapter 5, note 251.

14 (1) Sheldon, K. M., & Elliot, A. J. (1999). Goal striving, need satisfaction, and longitudinal well-being: The self-concordance model. *JPSP, 76,* 546–57. (2) Sheldon, K. M. (2002). The self-concordance model of healthy goal-striving: When personal goals correctly represent the person. In E. L. Deci & R. M. Ryan (Eds.), *Handbook of self-determination theory* (pp. 65–86).

Rochester, NY: University of Rochester Press.

15 (1) King, L. A. (1996). Who is regulating what and why? Motivational context of self-regulation. *Psychological Inquiry, 7,* 57–60. (2) Emmons, R. A. (1986). Personal strivings: An approach to personality and subjective well-being. *JPSP, 51,* 1058–68.

16 (1) Elliot, A. J., & Sheldon, K. M. (1998). Avoidance personal goals and the personality-illness relationship. *JPSP, 75,* 1282–99. (2) Elliot, A. J., Sheldon, K. M., & Church, M. A. (1997). Avoidance personal goals and subjective well-being. *PSPB, 23,* 915–27. (3) Elliot, A. J., & McGregor, H. A. (2001). A 2 X 2 achievement goal framework. *JPSP, 80,* 501–19.

17 Kruglanski (1996), op. cit. See ch. 5, note 252.

18 Vatsyayna. (2005). *The Kama Sutra*. (S. R. Burton & F. F. Arbuthont, Trans.). London: Elibron Classics. (Originally published 1883).

19 Huxley, A. (1925). *Those barren leaves* (p. 79). Normal, IL: Dalkey Archive Press.

20 (1) Lacey et al. (2006), op. cit. (See ch. 2, note 144). (2) Hummert, M. L., et al. (1994). Stereotypes of the elderly held by young, middle-aged, and elderly adults. *Journals of Gerontology, 49,* 240. (3) Nosek, B. A., Banaji, M., & Greenwald, A. G. (2002). Harvesting implicit group attitudes and beliefs from a demonstration Web site. *Group Dynamics: Theory, Research, and Practice, 6,* 101–15.

21 经验证据非常有力，以下是几个例子：(1) Carstensen et al. (2011), op. cit. (See ch. 8, note 364). (2) Carstensen, L. L., et al. (2000). Emo- tional experience in everyday life across the adult life span. *JPSP, 79,* 644–55. (3) Charles, S. T., Reynolds, C. A., & Gatz, M. (2001). Age-related differences and change in positive and negative affect over 23 years. *JPSP, 80,* 136–51. (4) Mroczek, D. K., & Spiro, A., III. (2005). Change in life satisfaction during adulthood: Findings from the Veterans Affairs Normative Aging Study. *JPSP, 88,* 189–202. (5) Williams, L. M., et al. (2006). The mellow years? Neural basis of improving emotional stability over age. *The Journal

of Neuroscience, 26, 6422–30. (6) Vaillant, G. E. (1994). "Successful aging" and psychosocial well-being: Evidence from a 45-year study. In E. H. Thompson (Ed.), *Older men's lives* (pp. 22–41). Thousand Oaks, CA: Sage.

22 (1) Carstensen et al. (2011), op. cit. (See ch. 8, note 364). (2) Mroczek & Spiro (2005), op. cit. (See ch. 10, note 430). (3) Williams et al. (2006), op. cit. (See ch. 10, note 430).

23 关于此文献的相关介绍，请参见 Carstensen, S. (2009). *A long bright future*. New York: Broadway. For scholarly articles, see (1) Carstensen, L. L. (2006). The influence of a sense of time on human development. *Science, 312,* 1913–15. (2) Carstensen, L. L., Isaacowitz, D. M., & Charles, S. T. (1999). Taking time seriously: a theory of socioemotional selectivity. *AmPsych, 54,* 165–81.

24 Mogilner, C., Kamvar, S. D., & Aaker, J. (2011). The shifting meaning of happiness. *Social Psychological and Personality Science, 2,* 395–402.

25 (1) Riediger, M., et al. (2009). Seeking pleasure and seeking pain: Differences in prohedonic and contra-hedonic motivation from adolescence to old age. *PsychScience, 20,* 1529–35. (2) Carstensen, L. L., Fung, H. H., & Charles, S. T. (2003). Socioemotional selectivity theory and the regulation of emotion in the second half of life. *Motivation and Emotion, 27,* 103–23. (3) Urry, H. L., & Gross, J. J. (2010). Emotion regulation in older age. *Current Directions, 19,* 352–57. (4) Labouvie-Vief, G., & DeVoe, M. (1991). Emotional regulation in adulthood and later life: a developmental view. *Annual Review of Gerontology and Geriatrics, 11,* 172–94. (5) Fingerman, K. L., & Charles, S. T. (2010). It takes two to tango: Why older people have the best rela- tionships. *Current Directions, 19,* 172–76.

26 相关评论，请参见 (1) Carstensen, L. L., & Mikels, J. A. (2005). At the intersection of emotion and cognition: Aging and the positivity effect. *Current Directions, 14,* 117–21. (2) Charles, S. T. (2010). Strength and vulnerability integration: A model of emotional well-being across adulthood. *PsychBull, 136,* 1068–91.

27　Calder, A. J., et al. (2003). Facial expression recognition across the adult life span. *Neuropsychologia, 4,* 195–202.

28　(1) Fingerman & Charles (2010), op. cit. (See ch. 10, note 434). (2) Fingerman, L., Miller, L., & Charles, S. T. (2008). Saving the best for last: How adults treat social partners of different ages. *Psychology and Aging, 23,* 399–409. (3) Miller, M., Charles, S. T., & Fingerman, K. L. (2009). Perceptions of social transgressions in adulthood: Does age make a difference? *Journal of Gerontology, 64B,* 551–59.

结语

1　Cohany, S. R., & Sok, E. (2007, February). Trends in labor force participation of married mothers of infants. *Monthly Labor Review,* 9–16.

2　请参见序言的参考文献（注释1和注释5）。